思考的力量

从高效思考到真正解决问题

卢斯卡◎著

中国友谊出版公司

图书在版编目（CIP）数据

思考的力量 / 卢斯卡著 . — 北京 : 中国友谊出版公司，2017.4

ISBN 978-7-5057-3999-4

Ⅰ. ①思… Ⅱ. ①卢… Ⅲ. ①思维方法－通俗读物 Ⅳ. ① B804-49

中国版本图书馆 CIP 数据核字（2017）第 057709 号

书名 思考的力量
作者 卢斯卡
出版 中国友谊出版公司
发行 中国友谊出版公司
经销 新华书店
印刷 三河市文通印刷包装有限公司
规格 787×1092 毫米 16 开
18.5 印张 250 千字
版次 2017 年 6 月第 1 版
印次 2017 年 6 月第 1 次印刷
书号 ISBN 978-7-5057-3999-4
定价 39.80 元
地址 北京市朝阳区西坝河南里 17 号楼
邮编 100028
电话 （010）64668676

如发现图书质量问题，可联系调换。质量投诉电话：010-82069336

目　录

Chapter 1　思考究竟是什么

Chapter 2　如何正确地思考

Chapter 3 让思考变得轻松

Chapter 4 突破思考的陷阱与障碍

Chapter 5 在思考过程中如何“补脑”

Chapter 6 挖掘头脑的潜力

Chapter 7　养成高效思考的习惯

Chapter 1

思考究竟是什么

1　思考是什么

人类从诞生之日起，就开始了漫长的演化，而在演化过程中，人类的大脑无时无刻不在进行着思考。那么，什么是思考呢？从定义上来说，思考指的是对外界的一个或者多个对象进行分析和判断，并得出关于该对象的具体结论的思维过程。人类之所以能够成为万物之灵，正是依靠不断的思考进而不断取得进步的。因此，思考对人类有着重要的意义。生命中的每天都是从思考开始的，当你从睡梦中醒来，大脑就开始了紧张的工作。你会思考这一天从哪里开始，要做些什么事，以及怎样完成它们。对于人类来说，思考是其中最基本的特征。

思考是每个人都有的，是人类生活中必需的一项技能。从降生时就具有的能力，被称为人的本能，思考就是人的若干本能之一。人类有多种层次的需求，思考也是一种需求，是为了满足人的自我价值的需要。我们还不知道人类是什么时候发现思考的重要性的，但是人类文明的发展进程中，从语言和文字的诞生，到早期人类中口耳相传的神话故事，再到实物和文字记载中的历史，似乎都能够证明，当人类作为一个新的物种出现在地球上时，思考就已经出现了。对于人类来说，思考有时并不是刻意的，而是一个自发的过程。思考活动不会产生实质性的结果，但是它会让人类做出某些行动。因此也可以这样说，思考和存在的意义是相同的。人类存在的同时，思考总是在同步进行着。人的状态发生变化时，思考也随之发生变化，和生命的过程保持一致。

思考在很多时候是带有明确目的的，在进行这样的思考活动的时候，我们要加以控制。可以用驾驶汽车来形容这种对思考的控制。当汽车在行驶过程中，如果想汽车安全平稳地行驶，就需要驾驶员通过方向盘来控制方向，用油门和刹车来控制车辆的前进和停止。换言之，只有在这种控制之下的思考活动，才能称作真正意义上的思考。但是思考并非总是这样在受控状态下进行的，很多实验证明了无意识的思考也能够发挥很大的作用。举例来说，当我们遇到一个难题时，可能通过很长时间的思考都没有解决。但是如果我们不再思考同一件事，而是把注意力转向其他地方，反而会产生灵感。

思考虽然每时每刻都在进行，甚至不为人所注意，但是实际上它是一种相当复杂的活动。思考的对象千差万别，可能是出现在眼前的事物，也可能是凭空想象出来的符号或者数字。但是只要使用大脑能够理解的方式，思考就会有结果。人类的天性之一就是思考，思考让人理解自然，理解生命，进而理解自己。人类的所有活动都是在思考之后才进行的，无论这种活动导致了什么样的后果。也就是说，行为是思考的外延，人类凭借思考才能得以发展。

法国哲学家笛卡儿有一句著名的论断：“我思，故我在。”从某种意义上来说，人类是因思考而存在的，思考让人适应生存的环境，并对环境加以改造，使之更加适合人类的生存。从生物学的角度来说，思考本质上是神经细胞之间发生的神经冲动，这些神经冲动带来了反射和其他行为。还有科学家认为，思考还能跟量子力学扯上关系。总之，和这种较为自然的解释相比，人类还试图通过思维的角度来进行解读。人类经常会面对一些问题，在寻找解决办法的时候产生的思维过程就是思考。这种观点认为，思考并非一定有结果，只有过程的思考依然是思考。

思考能够让每个人都区别于其他人，赋予每个人独立的人格。因为思考的多样性，人类社会才能具有多样性。人们要想获得进步，就需要保持思考。人类在生活中，只有不断思考，才能被称为真正的“活着”，否则只是浑浑噩噩地存在着而已。思考能够帮助人类解决问题，了解自己的需求；思考能够让人找到答案，丰富人生的意义。因此，在对自己不断探索的过程中，人类能够得到人格的提升。

当一个人在对心理活动进行综合和分析时，会做出最符合自己要求的判断。人类的思想就像是一片茂密的森林，其中生活着很多不同的生物，这些生物就是头脑中的想法。当人类在进行思考时，森林中的生物就开始活跃了。如果思考的过程出现了偏差，带来了坏的结果，森林就会遭遇灾害，甚至被毁灭。人在思考的时候要意识到自己是这片森林的主人，要好好培育森林中的生态系统。当森林中的生命蓬勃发展的时候，就意味着人的思考越来越成熟，也将拥有更加强大的力量。

思考是没有尽头的，从古到今的很多哲学家和思想家都试图解释思考。但是思考虽然是一种看似简单的行为，其实却无法用简单的语言来描述。从哲学意义上来说，思考是把从客观世界中得到的材料，通过主观世界的筛选和改造，得出自己的结果的过程。在这样的过程中，人类从感性转变为理性。只有懂得了理性思考之后，人类才得以进入文明，从旷野中建立起人类社会。叔本华曾这样解释思考的意义：“思考的人，在精神王国中，等于一国的君主。”

思考有着强大的力量，这种力量能够让人类走向光明，也能让人类坠入黑暗。人类要明白思考的重要性，也要能够控制自己的思考，使之走上正途。或者说，对人类和社会有益的思考，可以被称为正确的思考，而只有这种思考方式才是值得学习和普遍使用的。人们通过清醒而正确的思考对外界事物做出合理的反应，从而能够更好地生活。人类的思想也通过思考不断丰富，灵魂也能得到升华。因此，人生来就应当思考。

2 集中你的注意力

我们在思考问题的时候，只有集中精力专注地思考，才能取得有效的成果。因此，在日常的思考活动中，“注意力”是一项十分重要的因素。我们的思考过程，在很大程度上是由注意力决定的。也可以这样说，在我们注意力所及的范围内，才是我们接触的世界。而注意力集中的地方，代表了我们关注的方向，将人们划分成不同的群体。那么，什么是注意力呢？我们又该怎么样使注意力更好地为思考服务呢？

注意力是我们的大脑对一个信号或者一个事物做出的反应。因为大脑同时能够处理的信息是有限的，为了保证大脑能够更加高效地处理信息，在每个时间段里，大脑都会有一个优先级。来自外界的信息都想得到大脑的注意，在这个竞争的过程中，大脑会选出一个它认为最主要的信息来处理。这时我们就会说，注意力集中在了某一件事上。那么大脑是如何筛选信息的呢？首先要区分每个信息中包含的内容是什么，并根据信息的强度进行过滤，留下强度最大的一批信息。接下来，要判断哪个信息是最重要的，并按照重要程度给信息进行排序。由此可见，注意力也是分先后的。

要想更加形象地理解注意力，我们可以把它想象成照相机的镜头。每个镜头的视角都不一样，注意力也是如此。当视角变小时，能够更精准地捕获一个对象，但是同时纳入镜头范围的东西就变少了。也就是说，注意力十分集中的时候，能够迅速地解决一个核心问题，但是同样时间内大脑处理的信息就变少了。这样能带来一定的好处，同时也存在不足，因为这会让我们忽略其他可能造成影响的事物，从而陷入危险的境地。因此，正常状态下我们的注意力总是处于一种介乎专注和散漫之间的状态，这能让我们时刻留意周围的环境，也能迅速集中注意力。

我们都有类似的经验，如果周围的环境十分嘈杂，我们就很难专注于完成手头的工作。无论是噪声还是身边来回走动的人，都会让我们分散注意力，并且对工作产生担忧的情绪。各种因素彼此叠加，就会使人走神，思绪不知道飞到了哪里。很多时候我们都会发现，时间已经过去了半个小时，但是工作的进度没有丝毫改变。这样的发现让我们惶恐，于是赶忙投入到工作中，同样的事情会再次发生。每次走神的原因可能都不一样，它们的共同点是：注意力罢工了。如此一来，我们的工作效率将会降低，完成一项工作要耗费更多的时间，而这将影响工作之外的生活。在外人看来，你总是行色匆匆，但是只有你自己知道，你的工作总是拖延。时间一长，你的生活规律将受到严重的影响。

在培养和提高注意力方面，有一点至关重要，那就是对事物的兴趣和偏好程度。这样的例子通常会出现在游戏的参与者身上。在进行游戏时——无论是网络游戏还是现实中的密室逃脱——游戏的参与者通常会全情投入。从他拿起鼠标选定角色的那一刻起，他就完全沉浸在游戏的世界里了，周遭的一切都与他无关。而且他在游戏的过程中无须时刻培养对游戏的关注度，仿佛对游戏投入注意力是一件理所应当的事情。通过这一点我们可以发现，如果对一件事物有足够的兴趣，那么注意力自然而然会得到提高。

在处理信息时，大脑会飞速运转起来。就好像是在网络游戏中，玩家根据手中的装备、技能来安排战术和使用道具，完成游戏中的人物目标。在面对复杂的外部世界时，大脑就是最有力的武器。大脑指挥你的双手和身体进行操作，应对各种问题。大脑能够学习知识，还能在需要时从记忆中调取出来，让它发挥作用。如果你要完成任务所剩的时间不多，紧迫感会让大脑转得更快，你所有的能力都会被调动起来。因此，如果想让注意力变得更加集中，就可以时常回忆起那种紧迫感。在平时的生活和工作中，要让大脑随时进入这种状态。在这样的状态下，你就像一个超人，能够百分之百发挥自己的实力，带来效率的提高。

但是我们还应该明白，不能每次都让自己陷入这样的紧张情绪中。如果一件事情本来不用这么着急，但是还要强迫自己上足发条，就会容易感到疲惫。时间长了，甚至会变得麻木。相信我，这可不是一个好现象。所以，要尽量培养健康的思维习惯，在思考的时候集中注意力，而不是让自己的大脑时刻处于紧绷状态中。我们需要的是适度的紧张，而不是随时可能绷断的那种紧张。如果周围的环境过于放松，也是不利于注意力集中的。同时，要注意对工作进行调整，不要总是进行机械的思考，也不要持续很长时间的高强度脑力活动。这两种情况都会让大脑疲劳，前者是倦怠，后者则是脑力被压榨一空。因此，我们在工作中要注意，合理安排工作和思考的难易程度。

注意力是需要培养的，我们应该保持良好的思考习惯，让注意力在恰当的时候准确发挥作用。如果我们要强迫自己集中注意力，虽然也能达到效果，但是同时也会消耗很多意志力。这样的结果是身体和大脑更加疲倦，不具有可持续性。在强迫自己的同时，受到身体能量的限制，在高峰期过后，工作效率会迅速降低。

要避免这种情况，可以从培养自信心开始。在开始工作之前，坚信自己是一定能够完成工作的。不要过度使用意志力，只需要对自己进行积极的心理暗示。这种方法不太容易掌握，但是通过一段时间的练习，你会发现自信心提高的同时，注意力更加容易集中，工作效率也变得更高了。

3 兼顾理性和感性

人的思维过程是十分复杂的，但是如果从思维的基本形式分类，可以将思维分成两部分，那就是感性思维和理性思维。

感性思维，指的是依赖自己的直觉，凭借以往的经验来进行思考，继而做出判断。而理性思维是通过已经掌握的知识来进行思考，继而做出判断。感性思维的依据是人的主观感受，在经过判断之后达到某种感觉，并用它来指导自己的行为，不一定带有特定的目的。理性思维的依据是事物的客观属性，用逻辑思维的方式进行判断，并用它来指导自己的行为，是追求对人有利的结果的。

感性思维和理性思维虽然存在本质的区别，但并不是彼此割裂的。感性思维是基础，理性思维是更高级的思维形式。自然界中其他动物也有大脑，因此也有很多表现看起来是经过思考的，但是这些只能停留在感性的层面。只有人这种生物具备理性思维的能力，能够使用逻辑思维的手段得出理性的判断。当人类从原始的感性思维进化到理性思维时，就成为真正的人类。这两种思维形式都十分重要，缺一不可，就像人需要用两条腿走路一样，无论离开了感性还是理性，思维都是不完整的。

感性思维在全部思维过程中起到基础性的作用，理性思维在感性之上生发出来，起到总揽全局的作用。但是如果没有感性思维，理性思维也将无所凭依，变成无根之木、无源之水。试想一下，如果一幢大楼里遍布现代化的设施，但是缺水断电，那么所有设施都将成为摆设，无法起到应有的作用。

但是，我们也应该认识到理性思维的重要性和必要性。虽然缺少感性支持的理性思维是无法独立存在的，但是理性思维才是引导人类不断向前进步的动力。感性思维往往是本能的反应，属于较为低级的思维，和神经反射类似。无论感性思维多么强大，它能带来的都只是人类自身感觉的变化，无法对外界产生实质性的改造。理性思维是人类进化的产物，是思维的最高等级。人类社会中的文明和科技成果，都因为理性思维才能变为现实。

在社会的发展进程中，我们总是要追求对自己和对全人类有利的事情，这就是说，要更多地使用理性思维。当社会目标实现之后，通过使用理性思维创造出的结果，也能带来更多感性的源泉。因此，社会要以理性思维作为主导。

理性思维能够带来文明，产生文化。人类在面对陌生的世界时，要通过理性思维进行判断，从思维的结果中得到养分，并形成科学知识。这些对世界的认知在进行一定程度的积累之后，就会通过理性的总结表达出来，为了这种表达，人类创造了语言、文字和图像，后来又制造出了其他介质，在全人类范围内流传。因为知识的普及，原本属于个人或者小型集体的知识，逐渐成为共同所有的知识。这个过程就像是水从江河里流入海洋，小股的知识最终汇成汪洋大海，造福整个人类。因为知识越来越多，大大超过了一个人通过个人努力能够获得的知识总量，因此人类得以在不断增长知识的基础上，实现一个又一个飞跃。归根结底，这都是理性思维的作用。

该如何更好地使用感性思维和理性思维，使它们发挥更大的作用呢？感性思维主要是通过感觉进行的，是凭借视觉和经验做出判断的，以情感的表达为主。因此，要想让感性思维发挥作用，就要丰富自己的直觉，善于运用自己的情感。理性思维是以逻辑思维为基础的，要使用比较和分类、分析和判断、归纳和演绎等方法来进行思考，以知识的理解和表达为主。要想让理性思维更加强大，就要锻炼逻辑思维的能力，得出科学的结论。在日常生活中，用感性思维进行初步的思考，用理性思维做出总结，是更加合理的思维方式。

我们在面对外界的很多信息时，都需要通过理性思考来进行判断。在努力获得有利条件的同时，还要有目的地舍弃一些东西。但是感性思维则不然，判断的依据只有自身的感受，追求快乐和愉悦。因此，感性思维和理性思维要取舍的东西是不一样的。某件事物可能毫无价值，用理性思维判断应该舍弃，但是能够满足人的感性需要，那么也会被保留下来。感性和理性是并存的，就像人体的每个部分都不可或缺，两种思维也离不开彼此。只有感性思维和理性思维融洽共存，才能得到灵魂的完整。

感性思维是天生就具有的，因此无须锻炼也可以存在，但是也无法通过锻炼获得多少进步。与之相反，理性思维是后天习得的，能够通过锻炼得到提高。人的很多能力都需要进行思考才能得到和发展，比如计算能力等。但是我们不能每时每刻都处于理性思维中，那样将会耗费巨大的脑力。因此，感性思维能够发挥缓冲作用，在某种意义上起到保护大脑的作用。

当理性思维不足时，感性思维会占据主动。如果完全陷入感性思维中，人们就可能做出一些主观的、与实际不符的判断。这样的判断会把人引入歧途，甚至造成严重的误判。感性思维只是一团模糊的感觉，不是具象的。而我们通常所说的思考，指的就是理性思维。理性思维能够起到阻止冲动的作用，让人们保持冷静。无论使用哪种思维方式，都不能和另一种思维方式对立。只有当两种思维方式共存并且共同发挥作用时，才能让思维更全面，不会冲动犯错，也不会冷酷无情。当使用一种思维方式让人感到疲倦时，要注意切换，你不是只懂得一种思考方式。

4 永远保持积极

当你的头脑在高速运转的时候，就好像是一个工厂，能够产生很多奇思妙想。在这个思考的过程中，会有两种影响思考的因素：一种是积极的因素，一种是消极的因素。积极的念头能够带来正面的鼓励和心理暗示，这种念头会不断告诉你：你是可以的，你最终一定会成功。与之相反，消极的念头带来的心理暗示则是负面的，它会不断告诉你：你不行，你无法完成这件事情。这两种念头并不是固定的，而是受头脑的影响。当你的头脑释放出一个积极或者消极的信号时，相应的念头就会马上产生。当大脑释放出积极信号时，你就会变得更加自信；而当大脑释放出消极信号时，你就会变得沮丧。

如果你对两种信号的作用仍然不是十分清楚，那么可以用一个小实验来加以确证。比如你对自己说：今天的事情注定不会顺利。这时，你的头脑马上就会做出反应，列举出几个不顺利的理由。这时你会立刻感到一切都在和你作对，每个人都在敷衍你，每件事都无法按部就班地完成。用不了多长时间，你就会感觉到：今天的事情确实不顺利。

你在面对很多问题的时候都会受到这两个念头的影响。积极的念头会告诉你，你今天在谈判中能够取得好成绩，但是消极的念头跟你说不行。积极的念头对你说，你的上司非常看好你，但是消极的念头则认为他讨厌你，甚至明天就会开除你。当大脑中充满这两种念头时，哪个念头发挥作用的时候多，就会获得更大的支配权。比如你总是在用消极的眼光来看问题，那么时间长了，所有事情在你的眼中都将是负面的。因此，我们要尽量在思考过程中避免消极的情绪产生。如果我们想要让事情得到顺利解决，就不应该让消极情绪支配你的大脑，因为它只会让你觉得一切都无法实现。既然这种念头会带给我们消极的影响，就要克服它，进行更加积极的思考。

我们可以回忆一下从前经历过的很多思考过程，并加以总结，这样就能得出一些结论。当我们心里总是认为事情的结果会朝坏的方向发展时，通常事情真的会变坏。如果这样的过程持续的时间足够长，事情往往会发展到十分糟糕的地步。但是如果我们认为事情将变得更好，那么仿佛运气也站在我们这一边，用不了多长时间就会收获好的结果。通过这一点我们可以看出，一件事物的样子，和我们看待它的角度有很大的关系。心理学家们通过分析后指出，如果一个孩子在成长过程中总被认为是坏孩子，那么他在长大后通常真的会成为坏人。同样，如果一个孩子总是被人说笨，那么他就会做出一些愚蠢的举动。你越是觉得一件事情可怕，它就会变得越来越可怕。

那么，我们该如何培养积极思考的习惯呢？首先，要学会避免产生消极的情绪，而应该积极地投入到行动中去。你的行动越积极，思想就越会受到影响，变得越积极。只有行动才能改变态度。如果你不是去行动，而是坐等内心产生积极的情绪，那么你的思维也会停滞。要改变自己，从积极行动开始。

当你的人生开始变得积极之后，就会在很多方面产生乐观的感觉，自信心也会大大提升。这样一来，你将能够完成更多事情，实现更多价值。因为你的乐观和积极，会吸引周围的人来到你的身边，和你一起发展和进步。当我们能够做到这一点时，就要和旁边的人保持良好的关系，用自己的积极态度来影响他们，让他们也能够积极地思考。

积极的思考还能让我们充满进取精神。当我们对每件事情都抱着积极的态度去加以解决，那么在面对新事物的时候也会充满信心。我们会尝试着解决眼前的问题，带来更好的结果。而那些持消极态度的人，则会十分胆怯，不敢尝试新事物，只是想着自己不要犯错误，避免太坏的结果。他们不知道，这样止步不前恰恰是最坏的结果。

但是，我们同时也应该注意到，不能盲目地相信一切都是完美的，而是要能够对事物做出客观准确的判断。有人认为积极思考就是无条件的自信，这是错误的，不但不会让自己变得更好，反而会受到伤害。每件事情都需要脚踏实地地去完成，光靠空想并不能得到结果。如果目标不切实际，那么过于积极的想法反而会变成失败的催化剂。消极的念头会让人故步自封，而不切实际的积极念头则会让人迷失自我。我们面对的世界不是一成不变的，而是每时每刻都在发生变化，因此要用发展的眼光来看问题，不要落入美好的空想陷阱中。

因为积极的思考方式确实让很多事情得以完成，创造了很多不可思议的结果，所以人们总是认为积极能够带来一切，只要积极思考，美梦就会变成现实。但是一切事情都存在失败的可能，不是只靠积极就能防止失败的。要想成功，就要付出应有的努力，这些努力才是解决问题的关键。我们要告诉自己：只有努力才能变得更好。要对解决问题过程中面对的困难做出充足的预判，提前想到解决方案。单纯地想“我会克服所有困难”不但不会帮助你解决问题，反而会让你忽略可能的危险。

无论任何时候，保持积极的态度都是很有必要的。首先要保持积极的态度，其次是接受事物存在两面性，除了成功，也有失败。在对眼前的事情做出判断时要做出完全的考量，然后再进行积极的思考。积极思考能够让你更好地实现目标，但绝不是增加幻想的途径。事情能够被解决，当然也可能失败。只有积极思考和积极行动互相配合，才能让结果变得更好。

5 打破思维定式

当我们在思考问题的时候，经常会下意识地遵循以往的经验或者曾经学到过的知识，以一种不加变化的方式来寻找解决的办法。这种固化的思维方式，就是我们所说的思维定式。很多时候，我们会不由自主地以一种常用的思维方式来应对日常所见的问题，用固定的思路来思考并加以解决。尽管过去的经验会告诉我们，这样的方式“几乎”是正确的，但是也难免会造成不利的局面。

人的思维是千变万化的，充沛的脑容量足以使我们进行更多的思考，而不是停留在原地。用经验或已有的认知来思考，只会让人困在原地，无法进步。当你面对日渐加深的困境而难以找到解决的办法时，就要仔细想一想，自己在思考问题时是否犯了僵化的错误，而陷入了思维定式的怪圈里无法自拔。

在应对纷繁复杂的世界和事物时，我们要懂得改变自己的思维模式，用积极和发展的眼光来看问题。如此一来，才能够准确找到事物背后的规律，进而做出正确的决定。有些在我们看来难以理解的问题，其实都有一个简单的切入点，但是它被隐藏了起来，只有从另外一个角度观察和思考，才能找到它。

思维定式在某种程度上对解决问题是有利的。如果面对的是毫无变化的同一类问题，这样的思考方式无疑会大大节省我们的时间，提高效率。同时，如果遇到了和经验完全相符的新事物，也可以通过经验快速地熟悉起来，而无须从零开始一步步探索。这也正是我们学习知识和积累经验的目的所在。当我们熟悉了事物的发展规律，并使之成为思维定式，会带来一定的积极作用。在日常生活中，经验可以在很多地方提供帮助，这是需要肯定的。

但是思维定式带来的消极影响也是十分明显的。因为我们必须看到，外界事物总是在发展变化，无论是事物本身还是它所处的环境，都随时会发生改变。如果我们单纯地依靠知识和经验，而不加以变通，就会形成错误的看法和认识。这时就需要打破思维定式，用新眼光看问题，往往能起到良好的效果。

举例来说，日本东芝公司在20世纪50年代时生产了大批电扇，但是大量积压在一起，无法卖出。公司动员全体员工寻找销路，但是一无所获。直到有一天，一个基层员工突发奇想，建议公司能否改变电扇的扇叶颜色。当时市面上所有的风扇都是黑色的，东芝也不例外。如果改成浅色，不但能使自己的产品和其他产品区别开来，还能在夏日中带来一丝清凉的感觉。公司接受了这个建议，并取得了巨大的成功。这就是打破旧有思路，从新的角度考虑问题带来的好处。

那么，我们该如何打破思维定式呢？有几种方法可以应用。

在面对一个问题的时候，先不要急于处理和解决。我们总是习惯于用思维里固有的方法去解决问题，但是如果能够把问题搁置一段时间，就会有让人意想不到的效果。我们经常会遇到让人十分困扰的难题，想破了脑袋也找不到解决的办法。按照上面所说的办法，放上一段时间再思考，就会豁然开朗。这个搁置问题的时间，就是我们给自己的思维重新洗牌的时间。经过了这段时间之后，就会带着全新的思路来考虑问题，不容易陷入思维定式的困局中。要注意的是，在对问题进行冷处理的时候，不要总是想着这个问题没有解决，而是要让头脑放松。紧张的头脑容易让思维僵化，不利于其他想法的出现。因此，只有保持放松的心态，思想才能产生新的火花。

要对自己的思维进行刻意的训练，而不是盲目地学习知识和接受经验。可以创造一些符合自身条件的训练方法，来提高大脑的思维能力和反应能力。例如，你可以从书架上随意抽出一本书，翻到任意的一页，随手指向一个词，然后通过这个词来展开想象，甚至形成一个故事。这样能够培养联想能力和思维的丰富度，长期坚持下去，会使头脑变得更加灵活，减少思维定式的束缚。

同时，要注意培养自己的想象力和发散的思维方式。和书本上得到的知识不同，想象力能够在更深更广的程度上解释事物。人类社会的一切进步，本质上都来源于想象力。想象力带来了知识的发展，让我们更好地面对这个世界。绝大多数人在一生中使用的想象力都很少，因此，要想从思维定式中脱离出来，首先要丰富想象力。另外，发散的思维也很重要。一个问题并非只有一种解决方式，也可能存在几种答案。用发散的思维方式，能够得到更多思路，找到更多答案。例如当我们看到一个圆圈的时候，想到的可能是太阳和篮球，也可能是汽车的轮胎、案头的台灯，甚至是iPhone的圆形Home键。

我们还应该善于利用自己的直觉。直觉和思考是相对的，是不经过思考过程而直接得出结论的方式，能够体现出思维的灵活性。在解决问题的过程中，我们的头脑中可能会突然冒出一种办法或者念头，它可能是猜测，也可能是下意识的判断。这些想法虽然不都是正确的，但是会带给我们很多启发，因此要善于利用直觉，而不是简单地进行思考。

当我们面对一个问题的时候，需要保持旺盛的求知欲，要穷尽所有解决问题的方法，并找到问题最根本的实质。这样的求知欲会让我们开动大脑，发挥创造力，形成很多新的想法，从而打破思维定式。在学习的过程中，我们有时应该给自己设置一些难题，通过思考来加以解决，形成多元的思维模式。

能够束缚住一个人的只有其本身，而思维应当是无限广阔的。这个世界上的众多事物都有无数的可能性，它们千变万化，等着我们去发现和找到解决的办法。有时候我们会被自己的思想限制，发现自己处于困境中，这时，只要勇于打破思维定式，重新思考，就能够走出困境，找到光明的前行之路。

6 习焉不察的害处

我们在日常生活中总会产生很多经验和习惯，这些习惯有时会让我们的思考陷入僵局，带来意想不到的害处。接下来本书要举几个例子来证明，习焉不察会带来怎样的危害。

美国的一位生物学教授曾经做过这样的实验。他在一张实验台上水平放置了一个透明的玻璃瓶，瓶底向着窗户，因此是明亮的；瓶口对着室内，因此显得很暗。他首先将几只蜜蜂放进了瓶子，并观察蜜蜂的行为。蜜蜂在被放入后，就直朝着瓶底的亮光飞去。那里没有出路，但是蜜蜂因为喜光的习性，只会朝着这个方向飞，并被瓶底挡住去路。在多次尝试不成功之后，蜜蜂也只会停在瓶底休息。随后，教授更换了实验对象，这一次他放进瓶子里的是几只苍蝇。苍蝇起初也十分慌乱，但是和蜜蜂不同的是，它们没有只朝着光亮的地方飞，而是在瓶子里没头没脑地乱撞。在经过了一番四处碰壁之后，苍蝇们最后都找到了出口，从瓶子里逃了出去。

这个实验告诉了我们怎样的道理呢？为什么蜜蜂就只能停在瓶底认命，而苍蝇却能逃出生天呢？因为多年的生活习性告诉蜜蜂，一个地方的出口通常位于明亮的地方。因为对习惯的坚守，蜜蜂就被瓶子挡住了，无法找到出口，只能在困境中束手无策。但是反观苍蝇，它们没有类似的习性，因此行事风格“不讲逻辑”，敢于尝试和碰壁。在经历了足够多的失败之后，苍蝇终于找到了出路。

和蜜蜂相比，苍蝇给人的印象通常是头脑简单的，但是蜜蜂没有解决的难题，却偏偏被苍蝇解决了。因为苍蝇不会墨守成规，尽管逃生的过程看起来是漫无目的地乱撞，但是苍蝇最终却找到了出口，从而逃出了困境。同样，当我们长期生活在一个封闭的环境中，时间一长就会形成相对固定的生活和工作习惯。在这种习惯的支配下，我们能够解决问题，同样也会像只知道追逐明亮的蜜蜂一样陷入困境。

有很多人在一家公司工作一段时间之后，如果跳槽到另一家公司，总是需要一段时间去适应。因为他们没有及时改变思维习惯，而是凭借惯性把以前的工作方式带到了新的职场，这样难免会和新公司产生冲突。因此，在这一时期，不要抱怨新公司不好，而是要先进行反省，是不是自己出了问题。

有一个年轻人看到一本书上记载，某地的海岸出产一种石头，能够让人长生不老，因此叫作不老石。这种石头十分稀少，需要仔细寻找和辨别。这个年轻人被不老石的传说吸引，历尽艰辛来到大海边。在这里的海滩上，到处都是大小不一的石块，于是年轻人开始了寻找不老石的过程。为了进行筛选，每当他捡到普通的石头就会扔到海里，这样留下的石头就会越来越少。时间一天天地过去，年轻人也已经变成白发苍苍的老者。他每天不变的事情依旧是在海边捡石头，只不过他已经形成了习惯，每次捡到石头就会扔到海里。这一天，当他真的捡到不老石的时候，却因为习惯而将不老石扔进了海里，追悔莫及。

我们每个人的生活习惯也是如此。如果在成长的过程中不能及时改掉不合时宜的旧习惯，培养新习惯，就会难以适应身份的转变和社会的进步。可能一开始还会被人认为是年少轻狂而获原谅，但是时间长了还不能顺应社会的需要，就会被淘汰。好的习惯能够成为我们赖以生存的财富，坏习惯却会阻碍我们的发展。

曾经有一个炮兵军官从军校毕业后，来到部队里做指挥官。因为刚刚上任，他对部队进行了例行视察。在他巡视炮兵训练的时候，在好几个部队都发现了同一个现象，那就是在大炮的炮管下总会站着一个士兵。这个士兵不是和其他士兵一样进行操练，而是笔直地站在那里，一动不动。军官对这种现象十分不解，询问士兵也没有得到满意的回答。通过查阅过去的炮兵操练手册，他才明白问题的答案。原来在过去，没有机械化的大炮载具，只能用马拉着大炮。因为在开炮时马会发生移动，因此需要一个士兵拉住马缰绳，尽量减少再次射击时的偏差。随着时代的进步，大炮再也不用马车来拉了，但是训练条例却没有随之改变，炮管下面仍然站着一个“不用拉马”的士兵。军官的这个发现改变了落后的训练方式，节约了大量人力，因此受到了表彰。

无独有偶，另一个关于士兵的故事也反映了习焉不察带来的害处。这个故事是俾斯麦讲述的。19世纪时，俾斯麦出使俄国，曾听俄国沙皇亚历山大大帝谈起一个“不守鲜花的士兵”。有一天，亚历山大大帝在皇室的花园里散步时，看到一个士兵在花园里站岗。他感到非常奇怪，因为这里并没有值得守卫的东西，于是他问士兵为什么会站在这里，士兵回答说是按照命令在此站岗的。亚历山大大帝询问了很多人，最后在一个知情人那里得到了答案。原来在叶卡捷琳娜女皇时期，这个花园里曾经有一朵十分美丽的花开放。因为喜欢这朵花，女皇下令士兵在这里站岗，不让别人把花摘走。这条命令从那时起一直执行到现在，花早已凋谢了，谁也不知道到底在守卫什么，但是每天仍然有一个“不守鲜花的士兵”来站岗。

类似上述这两个例子的情况，在很多地方都屡见不鲜。尤其是在大企业中，当一个工作流程确立之后，大家就都遵照执行，而很少会去想“为什么这么做”。因此，如果流程中的某个环节出现了问题，就会导致整个流程陷入恶性循环当中。因此我们要时常注意，要敢于打破思维中的惯性，这样才能更加具有创造性和创新能力，找到更好的出路和方法。如果一味地用习惯指导工作或者生活，则会陷入不利的局面。要想取得好的结果，就要学会改变。

7 探索之路的多向度

在思考过程中，按照一个计划好的方向，用同一种方式来进行的思维，就是单向思维。和单向思维相对的，就是多向思维。如果说单向思维是简单的和一元的，那么多向思维就是复杂的和多元的。在进行多向思维的时候，思路从来都不是固定不变的，思考的方向也是多样的，因此得到的结果也不像单向思维那样僵化。多向思维的思考过程是横向的，包含了多种可能性，所以能够得出的结果甚至可能是出乎意料的。

能够从多个方向和角度思考问题的人，通常都会有超出常人的成就。善于这样思考的人不乏科学天才和商业巨子，他们认为以同一个角度看待问题是肤浅的，只有不断转变视角，从问题的各个角度来观察和重建，才能真正抓住问题的本质。思考问题的方向每增加一个，距离问题的实质就越近一步。或者说，如果没有多向思维，爱因斯坦或许也不会提出相对论。

在多向思维的应用中，有很多例子可以让我们懂得它的重要性。

1974年，位于美国纽约的自由女神像因为年久失修，需要进行翻新和加固工程。工程结束后，留下了很多建筑垃圾。这些垃圾长时间无人清运，因为纽约州垃圾处理的标准非常严苛，如果接手了这个工作，不但盈利难以保证，甚至还会因为无法达到标准而被州政府起诉。此时，麦考尔公司的董事长在法国得到了这个消息，他马上来到纽约，接下了这项庞大的垃圾处理工程。但是，他没有单纯地把垃圾运走，而是充分利用了垃圾中值钱的东西。例如，垃圾中有从女神像上清除的废旧金属，被他熔化后重新铸造成小型的自由女神像出售，并标明：来自女神像本身。废弃的铅和铝被做成了钥匙的形状，意思是能够打开纽约的大门。更绝的是，连从女神像上清扫下来的灰尘，都被他卖给了纽约的各大花店。通过这笔生意，麦考尔赚了350万美金，这让所有人都大跌眼镜。更不可思议的是，当时的铜价格十分低廉，而他通过制成工艺品后出售，让同样重量的铜价格翻了1万倍。麦考尔是犹太人，是臭名昭著的奥斯维辛集中营的幸存者之一。他在20世纪40年代来到美国，跟随父亲做生意。他的父亲教导他说，作为一个犹太人的儿子，他需要能够用不同的眼光发现事物中的商机。如果铜不值钱，那么就把它做成门把手。

在另一个例子中，换个角度思考同样带来了更好的结果。在纽约的夜晚，到处都是歌舞升平的景象，很少有地方是安静的。一家俱乐部的老板有一天忽然想到，如果到处都是喧嚣，人们是否渴望片刻的宁静？于是他开始尝试在俱乐部里推广“沉默的聚会”。参加这种聚会的人们要保持安静，和人交流时也不能说话，只能通过字条甚至是眉目传情。如果你在人群中发现了一位心仪的伴侣，需要用纸鹤来传递爱意。几个小时之后，人们内心的欲望已经喷薄而出，这时主持人宣布沉默可以被打破，人们往往会尽情释放心中的快乐，从而让聚会成为一个欢乐的海洋。这种新鲜的聚会方式正在变得越来越流行，因为在喧闹中能够拥有宁静的一刻实在弥足珍贵。

在科学研究史上，也有很多运用多向思维取得巨大科学发现的事例。我们知道，晶体管是目前被最广泛使用的半导体元件，我们使用的所有计算机都离不开它。晶体管的诞生，就是从另一个角度思考问题的绝佳例子。当时，电子管已经难以满足人们日益增加的计算需求，一种新的半导体元件亟待开发。全世界的科学家都试图提炼出绝对纯净的锗，用它作为半导体原料。但是无论怎样，提炼出的锗里面都有一定量的杂质。在这种情况下，日本索尼公司的江崎玲于奈博士反其道而行之，尝试着向锗里刻意加入少量杂质。随着实验的进行，当锗的纯度只有原来的一半时，表现出了非常优异的半导体特性，晶体管也因此诞生。凭借这一发明，江崎博士获得了1973年的诺贝尔物理学奖。

要想扑灭火焰，有很多种方式，但是如果用火来灭火，很多人都会认为绝不可能。但是，美国林业局通过自己的行动证明，以火灭火是防止森林火灾的好办法。因为全球变暖，一些极端天气时有出现，因此森林火灾发生的可能性大大增加，给生活在森林周边的人们带来了巨大的隐患。因为森林中不但有高大的乔木，还有低矮的灌木和杂草等，在火灾发生时这些灌木不但会堵塞抢救通道，还会使火势迅速蔓延。为了解决这个问题，美国林业局使用了一种与常人的思维完全相反的办法，那就是进行人为的放火，在森林中制造出一条通道。这样不仅能够让森林中的空气变得更加流通，还能开辟出一条救火通道，有利于扑灭初期火灾。现在，这种方法被很多国家和地区引进，在防森林大火方面成绩卓著。

我们可以看到，用不同的思路和角度来思考问题，能够得出尽可能多的结论，它们会给人带来更多启示。我们在思考过程中，不要有非此即彼的束缚，要学会使用多向思维，用辩证的方法来进行思考。我们要训练自己的多向思维能力，并养成多向思维的习惯。作为管理者或者一个组织的领导者，更要能够吸收不同意见，从多种角度的思考中抓住最主要的线索，从而获得更好的结果。

8 上帝发笑又何妨

在犹太谚语中，有一句世界闻名的话，那就是：人类一思考，上帝就发笑。在犹太人的祖先看来，与上帝和大自然相比，人类实在是太渺小了，因此人类的思考只是自作聪明。每当人们认为自己找到了真理，往往会发现只是一场空，而真理只掌握在上帝手中。这种思想认为，人是卑微的，无法走上自我救赎的路途。人只需要接受自己的命运就可以了，而无须过多地思考，因为人是无法超越自己的命运的。

这样的思想在哲学层面或许体现出了一定的意义，但是对于人类社会的发展毫无帮助。对于人类来说，通过思考得出更多知识和经验，是非常重要的事情。同时，人类也面临着很多诱惑。在这种情况下，越是懂得思考的人，就会越谨慎，从而避免陷入危险的境地。因为懂得思考，所以我们会得到很多，这让人类社会不断向前发展。思考是十分必要的，通过思考，你会懂得怎样是正确的，并且能够发现世界的美好，知道什么才是自己真正想要的。

如果我们想要读书或者学习，那么可以按照自己的心愿随意进行，但是这样的随意放在思考上就行不通了。在思考的时候，我们需要一直让自己保持激情，这样才能让思考得以顺利地进行，直到得出结论。在思考的时候，我们要总是对思考的对象保持热情，这样才能彻底地将它思考清楚。要想保持热情，就要对它产生兴趣。兴趣的产生来自两个原素，一种是事物本身让我们着迷，一种是事物的某种和我们有关的特性引发了我们的思考。对于前者来说，或许才是真正的思考应该达到的境界。在这种状态下，思考和日常的呼吸一样自然发生。

对于培养我们的精神世界来说，思考远比其他方式更加重要，更加能够锻炼我们的头脑。每个人类个体的头脑在先天上都是存在区别的，后天热爱思考的人，将拉大与其他人的差距。当你只是照搬书本上的知识时，你是受到知识的支配的，情绪也被书本中的知识控制。因为书本而产生的情绪，不是主观上自觉产生的，因此和你本身毫无关系。但是如果你是在认真思考，那么在思考进行的过程中，你的头脑是完全受自己支配的，情绪也是掌握在自己手中的。因此，只会读书和学习的人，会按照作者的想法而动，无法得到真正的提高。如果只知道读书或者被动地接受，不会独立思考，那么思想就会变得僵化。这就像是把一个铁块长期放在一个弹簧上，时间长了，弹簧将无法恢复原状。

在日常学习的时候，我们如果要读书，就要认清读书的目的，那就是让书籍成为我们通往知识的桥梁和引路人，通过书本来找到某个领域的入口。但是我们必须认识到，不是所有的书籍或知识都是有益的，要具有足够的判断力，分析哪些是有利的，哪些是有害的，而这个判断的过程就需要动脑思考。可以这样说，思考能够保卫我们的头脑，让我们始终走在正确的道路上，而不是误入歧途。善于思考的人，才能找到真正属于自己的平坦大道。因此，保持头脑的积极思考十分重要，当我们头脑中的知识需要进行补充或更新时，我们应该有选择地阅读和吸收。学习绘画的人，如果不从大自然中获取灵感，而是整天对着干枯的标本或者僵硬的雕塑作画，这样呆板的做法将是毫无用处的。

有时候我们会遇到这种情况，那就是通过自己的思考而得出的一些结论，在前人的著作中早已存在。也就是说，自己并非是头一个想到这些结论的人。我们是否要因此沮丧或者泄气呢？答案是完全不必。因为你通过独立的思考就得出了这些结论，而不是在看书时被动地接受，这样的结论你才能自如地应用而毫无阻碍。而且知识只有通过不同的人来相互印证，才能说明它的正确性，这样的知识才是对人们有用的知识。如此一来，作为同样发现了这些结论的人，你也为人类的进步贡献了自己的力量。

能够通过自己的思考得出答案，这样的人才被认为是一个领域中真正的专家。有些专家只是收集别人的理论进行总结，然后就自认为或者被认为是专家，但是实际上他并不具备独立解决问题的能力。只有会思考的人，才具有专家的能力，能够为某一领域带来改变。这就好比一个非常精巧灵活的木偶，即便它再行动自如，依然无法和人类相比，因为后者的行动是自觉的、自如的。他们不需要牵线，自己就会向前行走。

从其他媒介上学习，是用别人的知识来丰富自己的头脑。这些知识往往经过总结而显得十分严密。与此相比，自己通过思考得出的结论有时会在某个环节出现漏洞，需要加以弥补。但是我们要知道，虽然这些结论有时并不完美，仍然是一个有序可循的整体，只要后续不断补充和完善，就能得到更大的扩展。因此，要把个人的思考和学习他人的知识进行良性的相互补充。不能一味地从外界学习，也不能只埋头思考、不顾现实。当我们通过思考获得了足够的判断力和理解力，就能得到更大的提高。

有些人，读过很多书，对某些领域的知识能够脱口而出，但是他们可能并不知道究竟该如何正确地使用这些知识。事物之间的联系不只是表面上的，如果只看到表象而忽略了实质，就无法真正了解世界。懂得思考的人，才能掌握真正的知识。我们思考，并因此存在。

9 让思维天马行空

我们在思考中经常要用到想象，那么什么是想象呢？从定义上来说，就是在大脑中对客观存在的形象进行改造，得到一个全新的形象，这个过程就被称为想象。因此，想象首先是建立在已有的或者在记忆中存在的场景和事物的基础上的。大脑通过对这些场景和事物进行组装，就会形成新的形象。例如，我们听人描述一个自己从未去过的地方的景色，通过他所说的天空、陆地、树木和动物等我们熟悉的形象，就能想象出这个地方的大致情况。

想象的另一个特点是，不但能够对已有的形象进行改造，还能够创造出从未见过的新的事物或场景。著名科学作家儒勒·凡尔纳就在他的作品中描述了很多他的时代不存在的东西，例如潜艇和坦克等。与之类似的是，需要用创意工作的人也要通过想象来完成作品。音乐家在创作一首全新的乐曲时，建筑师在设计一座全新的建筑时，脑海中都会首先出现一个新的形象。这些形象都是通过想象创造出来的。

想象的过程通常是怎样进行的呢？首先可以把几种我们已经熟悉的事物或者事物的特性拼接在一起，就能得到一个新的形象。比如童话故事中的美人鱼的形象，以及《美女与野兽》中野兽的形象。这种创造形象的方式是最简单的，在很多艺术作品中都能见到。还可以通过强调事物某个方面的属性，来达到夸张的效果，创造出想象的形象。把事物变大或者变小，或者把事物的某个部分加以改变。《格列佛游记》的大人国和小人国中的人物形象，就是用这种形式创造出来的。还可以把自然界中的动物或者植物拟人化，让它具有人的特征和意识，也能获得独特的想象成果。还有一种方法，是对事物的特性进行总结，用同一类型事物共有的特征来创造一个符合该特征的新形象。在很多艺术作品中，这样的想象也很常见。

在运用想象，或者说创造性思维的时候，要摆脱常规思维的束缚。要另辟蹊径，找到一个全新的角度，把已有的信息和形象重新加以整合，创造出一个与之前完全不同的结果。要想让思维达到这样的程度，或者说，要想这样思考问题，就要让思维天马行空，得到充分的自由。在思考问题时不要给自己设定局限或者范围，而是从所有可能的角度来进行思考和想象，得出满意的答案。

学会了这样思考，就会让头脑中的空间变得更加立体，能够容纳更多的想法。在对某个问题进行思考的时候，要从这个问题出发，用已有的知识进行充分的想象，找到更多解决的方向，在这些方向上进行拓展，往往能够得到意料之外的结果。那么，该怎样培养这种天马行空的思维能力呢？

要学会想象，就要具有一定的归纳能力。因为在开始尽情想象之前，我们首先要调动的是自己头脑中已有的知识。如果没有知识储备，那么一切都将是空想。日常生活中要多积累各方面的知识和经验，而且要注意质量。头脑中储存的知识越多，质量越高，产生的想象就会越好。在进行归纳时，要通过对思考对象的观察或者回忆，针对某个特点或者局部进行扩展，这个过程中会出现不同的思路。在这些思路中，归纳出它们的共同特点，进而得到一个最为合理的结论。在对事物的扩展过程中，可能出现两种截然不同的结论，出现这样的情况时，我们就要进行比较和判断。

合理运用想象，在我们的思考中有巨大的作用，这些作用体现在以下几个方面。

首先，想象这种独特的思维方式需要运用到很多知识，这不仅能够体现出知识的积累，也能展现丰富的智慧。人类能够靠感官来认识世界，并且将这些认识储存在记忆中，但是想象是超越已有的认知的，是头脑进行再加工而创造出来的。与之相比，感官的知觉是一种直接的体验，是相对简单的，而想象是十分复杂的。乘着想象的翅膀，人们可以感受到现实世界之外的景象，沉浸在美好的幻想中。在想象中，我们可以大胆地预测未来，创造前所未见的事物。有很多我们如今常见的东西，都是过去的科幻作家想象出来的。这些形象为人们提供了前进的方向和动力，甚至改变了人类的生活。

如果没有了想象，我们就会只局限于已有的环境中，和已知的东西打交道。只要是没有见过的陌生事物，我们对它就完全没有概念。这样一来，人类就无法更好地认识世界，也不会产生新的发明和创造。在艺术领域也是如此，如果没有了想象，那么艺术家们的作品将只能是枯燥乏味的写生和素描，音乐家也只能描述大自然中的音调。因此，在人类的生活中处处都需要想象，失去想象的世界是单调的，也是无法持续存在的。

想象还能够激起我们本身的情感共鸣。在阅读文学作品或者欣赏艺术时，我们可以通过想象得到真切的体会。我们的情绪会随着情节的变化而变化，时而快乐时而悲伤。通过想象，还能从故事中学习到很多知识，得到精神上的鼓励。在工作中，积极的想象还能让人们更好地调整状态。人类虽然生活在现实世界中，但是不可否认的是，我们内心的每一次思考活动都有想象的痕迹。我们要学会想象，更好地使用想象来创造未来。

10　展开联想的翅膀

我们每天都要面对很多事情，需要解决很多问题。其中的一些问题不但要根据客观情况来进行判断，还要在头脑中展开联想。很多革命性的创新，都是通过联想得来的。尤其是在设计领域，更需要不断进行新的探索。现在我们不但追求物品的实用性，更注重它的艺术性。因此，当设计师在设计一件产品的时候，就要让产品同时满足人的感官需求和内在需求。创意和灵感可以通过联想来获得，尤其是根据图形思维进行的联想，更符合设计师的需要。一个合格的设计师应该能够掌握图形思维，利用它来展开联想，提高作品的质量。

那么，什么是联想的思维方式呢？我们日常接触的很多事物都具有相同或者相似的性质，对于这些事物，我们可以把它们联系在一起来进行思考。不同事物之间的共性和区别，能够带来融合和碰撞，在我们的头脑中产生新的火花。使用联想的思维方法，能够让我们的头脑变得更加灵活，学到更多知识，因此也能得到更多想法。

联想不是空想，这种思维方法需要对事物有具体的了解，并且要通过事物之间的联系展开，因此属于一种逻辑思维。要想用好联想，就需要注意以下几点。

首先，联想是建立在具有共性的基础上的。要想对几件事物展开联想，这些事物就必须存在一定的共性，这样才能进行符合逻辑的联系和推理。因此，事物之间没有共性就谈不上联想。

其次，联想不是头脑中原有的东西，而是借由对事物的了解和记忆创造出来的。在这一点上，联想和想象有一定的共同之处，都不是简单再现已有的形象。因此，无论是思考问题还是进行艺术创作，联想都需要在记忆之上进行提炼和扩展。通过一个事物联想到另一个和它有关的事物，再重复这个过程，最后得到一个最合适的答案。

对于创意工作者来说，掌握联想的能力是十分必要的。是否具备优秀的联想思维能力，是衡量一个人的创意或艺术水平的重要指标。良好的联想思维能力能够让人发掘事物之间的联系，并将它们关联或者组合在一起，形成一个新的事物。有些事物从表面上看似乎毫无关联，但是如果你的联想能力足够强大，就能发现它们是有隐秘联系的，而这一点对于很多创意工作来说十分必要。具有这种思维能力，就会在看似混乱的事物中抓住重点，进而找到它们的相似之处，并通过逻辑思维的形式将之归纳在一起。

虽然我们每个人都会进行联想，但是不可否认的是，联想能力是有高下之分的。有些人先天的联想能力不足，可以通过后天的训练来得到加强和锻炼。同时，要想提高联想能力，还要多掌握各个领域的知识，这样才能更好地发现事物之间的相关性。在运用联想来进行设计时，能够创作出具有更新理念的作品，提高自己的设计水平。

我们在学习新知识的时候，往往需要通过自学来加深印象和理解。

在刚接触到一个新知识时，要利用原有的知识来对它进行解释。这就好像字典里的每个词条都有一个释义，我们可以通过已知的词组成的释义来理解一个新词。这个过程，其实就是一个在旧事物和新事物之间寻找联系的联想过程。通过原有的知识，扩展到新知识，这个联想过程是必不可少的。从某种程度上说，没有联想的能力，就无法实现真正的自学。

在联想的过程中，要注意一些问题。首先要注意的，就是联想要具有合理性。也就是说，两个联系在一起的事物之间，一定要存在共性或者相似之处，才能加以联想。例如，我们知道当对一个物体施加力的时候，物体也会反向施加一个力，这就是作用力和反作用力的关系。离开作用力，反作用力就是不存在的，它们之间存在着因果联系和相互作用。通过它们我们可以联想到人际关系乃至国际关系这种类似的相互作用产生的结果。但是，如果因此联想到付出和回报，则是错误的，因为付出并不一定带来回报，它们之间不存在必然的相互关系，所以就不能加以联想。同时我们还应当注意到，联想不能一直发散下去，不能用接龙式的方法进行。在这个过程中，可能前两个事物之间、后两个事物之间分别存在联系，但是首尾两个事物却是毫无关联的，这样就背离了联想的初衷。

在进行联想时，要跳出通常的思维模式，开启新的思路。看待问题的角度也要有变化，这样才能得到更富有创造性的联想成果。联想的范围可以天马行空，只要两个事物之间是存在联系的，那么再大的跨度都是可以接受的。要想实现这一点，就要提高自己的知识水平和记忆力，在需要展开联想时脑海中要有足够的素材和储备。在平时的生活中要注重收集知识，有意识地锻炼联想思维的能力。

要想提高联想思维的能力，可以尝试自己锻炼，也可以和其他人一起进步和提高。几个人在一起对一个事物或者问题展开讨论，大家都充分地进行大胆的联想，不设范围和禁忌。这样的讨论能够激起每个人的热情，在集思广益中得到最有创意的结果，还可以通过一些工具来进行辅助思考，例如图片或者模型等。看到眼前所见的图景后，用联想的方法创作出一幅新的图景，让人获得启发，创作出更好的作品或者更圆满地解决问题。

Chapter 2

如何正确地思考

1 不要总是站在同一个地方

许多时候，我们之所以会觉得问题难以解决，是因为思考的过程都停留在同一个层面上，没有继续深入。如果能够学会多层次的思考，很多问题就能迎刃而解。

美国一位名叫约瑟夫·马修斯的牧师，曾经在二战时作为随军牧师跟随美军出征。二战结束之后，他回到美国，成为一名教师。他发现，很多学生都无法正常地学习，而他也没有找到好的教学方法。直到有一天，他从一间教室外经过，看到里面正在上美术课，学生们都学得津津有味。他停下脚步，想看看这位教师采用的是什么方法，能够如此吸引学生。观察了一会儿，他发现这位美术老师采用对话的形式来引导学生，让他们自己对一幅画作做出理解。下课后，他问美术老师，为什么用这样的方法能够让学生更加投入地学习。美术老师解释说，面对一件艺术作品，首先要看到表面的形象，然后再分析自己的感受。你想从这个作品中感受到什么，作品中的哪些元素分别带给你什么感受。通过层层递进的方式思考，能够更好地沉浸在作品中，和作品进行更好的交流。这个例子告诉我们，层层深入的思考能够让人找到问题的关键点，并且更加投入。

有时候，我们关注的某件事情并没有像预想中那样推进或者取得成果，这时我们通常会感到气馁或沮丧。仔细分析一下其中的原因，就是因为我们首先预设了一个立场，并且在事件的发展过程中一直停步不前，没有随之深入分析或加以改变。我们眼里看到的只是局部，并不代表事情的实际进展，所以无法做出好的判断，直到最终失败。在明白这一点后，就要在接下来的解决过程中不断深入思考，变换角度，从全局出发，这样才能真正发现问题的实质并加以解决。

一家公司的新任采购总监进入公司后，发现原有的制度存在漏洞，造成采购流程十分混乱。他想要重新制定标准，因此向分管上级报告了这个计划。但是公司的其他管理人员和部门都没有意识到采购环节的问题，所以迟迟没有批准他的报告。于是这位采购总监决定采取行动。在一次高管会议上，他提着一个大包走了进来，在众人惊讶的目光中将包里的东西倒在了会议桌上。这是一堆公司需要的耗材，型号不一，价格不同，铺满了整个桌面。大家都不解地看着他，不知道他这样做有什么用意。

采购总监拿出了一份采购表格，上面的数据十分复杂。他让在座的高管都看一看这份表格，然后让大家发表一下看后的见解，询问他们是否能够从数据报表中发现什么问题。高管们在震惊之余纷纷表示表格确实有些混乱，看不清重点。随后采购总监又拿出一份采购报告，详细介绍了公司现行的采购制度和存在的弊端。对于他说的这些情况，公司的其他部门竟然都不了解。他们纷纷从各自的部门出发，回忆起过去的一些场景，发现确实有很多不合理之处，只是当时没有在意，过后也没有补救。这时，采购总监拿出了他拟定的新的采购标准，大家都表示支持。这就是通过层层递进的方式，逐步让大家了解到问题的严重性，最后使问题得到解决的例子。

在古希腊时期，城邦之间战火不断。有一次，雅典城被敌人包围，围困持续了长达半年。这时，雅典城的城主让负责管理粮食的官员计算城内库存的余粮还有多少，能维持多长时间。经过计算，官员战战兢兢地来向雅典城主报告，雅典城内的粮食只够吃一个星期了。一个星期之后，城内没有了粮食，就会陷入饥荒。听说这个消息之后，很多大臣变得惊慌失措。他们都主张打开城门向敌人投降，否则城里的人民和士兵就都会饿死。只有雅典城主有不同意见。他听到这个消息之后，竟然露出了笑容。他说："半年的时间过去了，我们还剩下一个星期的粮食，敌人还能坚持一个星期吗？在这一个星期里，我们还能想出其他更好的办法。"

最后的结果和他设想的完全一样。过了四天，围城的敌军也没有了粮食。他们开始主动撤退，雅典城的围困解除了。雅典城主正是凭借深入的分析和理智的判断，才最终解困。很多问题都是这样，面临的似乎是两难的选择。但是如果能够转变思路就会发现，看上去无望的思路其实充满希望，我们只要有善于发现它的眼睛，就能找到通往希望的大路。

两个人行走在沙漠里，他们的给养已经用光，水也只剩下半壶。其中的一个人十分绝望，认为半壶水不够维持两人的生命。另一个人却非常高兴，因为他们还有半壶水，能坚持更长时间。这就是看问题的角度不同，对同一件事用不同的角度来看，就能得出不同的结论。如果能够保持积极的心态，就能在困难面前坚持得更久，最后战胜困难。

在纷繁复杂的世间万事中，我们要善于发现事物的多样性，学会用不一样的眼光来看待问题。要像用多棱镜一样，从若干侧面了解一件事物的各个方面；也要像用显微镜一样，深入了解事物的各个层次。如果我们只是规规矩矩地切开一个苹果，就只能看见一个近似圆形的果核。如果能够换一个方向，横着把苹果切开，你就会发现苹果核原来是一个好看的星星的形状。这样的发现还可以扩展到其他方面，让你感觉十分新奇。所以，不要总是站在同一个地方，也不要让思考停留在一个维度。深入一些，就会看见更大的世界。

2 抛弃旧的思维习惯

在日常生活和工作中，你会如何处理问题，做出哪些决定，都取决于你的思维习惯。你独特的习惯形成了自己的个性，并通过它来观察世界。因此，对于同样的问题或者事物，不同的人会有不同的看法。你看问题的角度注定了你只能发现事物的某一方面特性，而无法观察到事物的整体。你的脑海中出现最多次的想法，将会成为你思维时的主导，并成为塑造个性的主要因素。即便是在同样的地方生活，也会有人成长为强壮的人，有人却像发育不良一样，无法适应环境。造成这种反差的原因就是每个人的思维习惯不同，这带来了生活习惯的不同，使每个人走上不同的人生轨迹。

我们的思维习惯和生活习惯，会让那些与自己习惯相近的人靠近自己，最后成为一个群体。这种互相吸引的行为本质上带来了沟通成本的降低。积极的人更倾向于和积极的人交朋友，反之消极的人身边通常也围着一些消极的人。如果你本身是消极的，但是渴望积极，就需要抛弃自己的旧习惯，向新的方向转变。这样一来，你才能更好地接受因为习惯的变化带来的生活的变化。不能只是想想就算了，而是要付诸行动。

如果你拥有的是积极的思维习惯，那么可能在一些地方得到帮助。但是它的局限在于，你看待问题的时候总是站在积极的角度，而无法注意到那些可能带来危险的因素。消极的思维习惯则更加有害，它会让你不自觉地用消极的眼光看问题，从而得出一些悲观的结论。时间长了，你就会陷入虚无的恐惧中。

不但要注意思维模式，平日里的行为也十分重要，因为你的生活方式是由二者共同决定的。如果你的思维是消极的，又不停地抱怨，那么生活就会变得更糟。你需要明白，遇到困难的时候并非无路可走，眼前的困难可能只是由于之前的一些错误选择造成的，因此要做出改变。可能一时无法摆脱困境，但是只要能做出改变，就能取得成功。

当然，如果你一贯都用消极的方式来进行思考，那么此时你仍然会倾向于消极。这种做法当然是错误的，因为这是片面的和狭隘的，正是这种错误造成了眼前的困境。这时你要注意，对脑海中出现的消极声音要置之不理。只要不去管它，这种消极的念头就会逐渐消失。如果你试图对它有所回应，就反而可能再次受到它的控制。因此，应对消极情绪的最佳方法就是对它不屑一顾，用正面的情绪来鼓励自己。

你要学会改变旧有的不合时宜的思维习惯，并认定自己能够做到。只有这样，你才能从当下的困境中解脱。试着向积极的方向思考，并学着全面看问题，从整体上找到解决的办法，不要一味地消极，也不能盲目地积极。在这个改变的过程中要有耐心，要想做到思维的转变是需要一个过程的，不能因为一时没有达到目的就放弃了。当你充分希望改变原有的思维习惯时，就要在心里不断提醒自己。在面对每个问题和进行每一次思考时，都要有意识地跳出过去的思维模式。如果你能坚持这样做，那么大概用不了一个月，你的思维模式就会发生改变。这时，你要有意识地培养一种你需要的或者想要达成的思维习惯，并且坚持用这种习惯来考虑问题，那么再过几个月，新的思维习惯就会形成。

改变思维习惯不是一朝一夕的事情，就像它形成的时候一样。所以，在每个需要思考的时候，都要刻意地告诉自己，是时候改变了。你要训练自己弥补旧思维习惯中的不足，比如过于消极，或者看事物过于片面。只要你有意识地对弱点进行加强，那么在坚持一段时间之后，一定会产生良好的效果。例如，当你学会了用全新的角度来从整体上观察事物，那么过不了多久，你除了能够对事物有一个全面的认识，还能得到一些超出事物本身的认识，比如通过它的特性联想到其他事物。

要破除旧有的思维习惯对你的影响，要从抛弃旧思想开始。如果你过去总是消极看待事物的阴暗面，并且因为片面的思维习惯而只能看到这一面，那么时间长了你就会认为整个世界都是阴暗的。但是实际上这并不正确，只是你个人的想法罢了。类似的思维过程会把你束缚住，让你对每件事物都形成大致相同的观点。并且你对你看到的东西深信不疑，久而久之就会变得愈发狭隘。因此，你首先要拒绝这样的思想，敞开心扉去接受新的观点。如果一件事物和你过去所知道的不同，不要急于否认，而是要思考自己是否犯了片面的错误。这样坚持一段时间，你就会扩大视野，看到事物的更多层面。

还可以通过联想和想象来转变思维习惯。你可以在脑海中想象一些令人愉快的画面或者场景，这样会让内心愉悦，更容易接受和以往不同的意见。在这个基础上，再通过联想的方式把旧事物和新事物、旧观念和新观念联系在一起。要注意的一点是，你想实现怎样的转变，养成什么样的思维习惯，就要坚定不移地朝那个方向努力下去。在这个改变的过程中，要用积极的心理暗示来提醒自己，这些改变是很有必要的，可以让未来变得更加美好。当原本的刻意改变变成下意识的决定时，那么恭喜你，新的思维习惯已经养成了。但是世界总是在发展，一个习惯即便在此刻是好的，过一段时间也许就会落后。因此，我们要时常注意发现自己的不足之处，对原有的思维习惯取长补短，这样才能顺应时代的潮流，真正拥有一个美好的未来。

3 “专家”不一定对

在每个领域都有一些具有极丰富的知识、对该领域有突出贡献的人，他们通常被称作专家。这些专家因为在自己领域中的高超能力和威望，受到人们的尊重，因此也就成了权威。这些专家和权威往往都取得过很大的成就，为某一学科的发展起到过重要的作用。我们尊重专家，学习他们留下的知识和经验，但是要注意的是，不能不加选择地全盘吸收，而是要进行合理的质疑。因为，专家所说的也不一定都对。

对专家或者权威的盲目相信，是因为自己不够自信。可能在很多人看来，专家口中的知识就一定是正确的，并且受到这种心理暗示的影响，完全不加判断和分辨地接受。这样一来，我们就丧失了判断力和自己的标准。如果学到的知识是错误的，那么自己必然也会继续走在错误的道路上。有些人不懂得独立思考，只知道迷信专家和权威，不但自己迷信，还要拉着别人也一起相信。这些人已经失去了发展的动力，迷失在了专家的话语里。

我们要坚持独立思考的原则，对自己有理有据的判断要坚持到底，不能因为专家的话就认定某事一定会怎样。只有这样，才能突破局限，找到属于自己的方向。当你能够对专家或权威的理论进行质疑并坚持自己的观点时，你就将迎来巨大的突破。总是有人对权威有一种莫名的崇拜，认为专家的话都是对的，这样非常不利于思维的创新。因此，要敢于质疑专家、挑战权威，用独立思考来丰富内心世界。要认识到，专家的知识和经验可以借鉴，但是不能成为你前进道路上的阻碍。

如果相信专家的话，而陷入惯性思维里，就可能让我们畏缩不前，失去很多机会。因此，在遇到好的机遇时，要相信自己，敢于冒险。只有对自己的判断有足够自信的人，才能够真正发挥他的智慧。敢于藐视权威的人，通常有独立思考的能力，并且有独到的见解。这样的能力会让他们走得更远，达到更高的高度。专家值得尊重，但是独立的思想仍然十分重要。专家说的也可能是错的，只有通过实践才能得到检验。

美国著名的投资专家沃伦·巴菲特被称为股神，他掌管的公司凭借各个领域的投资，在世界500强中名列前茅。巴菲特始终认为，要坚持自己的判断。他投资的股票都是靠当时的判断决定的，而不是股票书籍或者证券专家推荐的。巴菲特有自己的道理，他认为市场形势千变万化，不是哪个专家能够准确预测的。他曾举过一个例子，有人手里拿着10张照片，让人挑选他觉得最漂亮的一张，然后看看哪个人选出来的照片被公认为是最漂亮的。结果为了赢得他人的肯定，所有人都抛弃了自己的审美，而是考虑大众最接受哪种风格。

通过这个故事，巴菲特想要表达的意思是，那些预测股票市场的专家给出的意见，就像是被选出的公认最漂亮的照片，只是迎合了大众的需要，并非对每个人都是最适合的。专家做出预测时根据的也不是自己的好恶，而是综合了市场上的信息和评价得出的观点。因此，这些观点只能反映出市场当前的形势，无法给予投资者具体的指导。要想知道哪只股票值得投资，要靠自己分析，并且相信自己的判断。

巴菲特嘲笑那些声称自己能够准确预测市场形势的专家说，如果谁能真正具有预测市场的能力，那么他只需要拥有1美元，就能让整个市场翻天覆地。投资者在分析股票时要专注于自己的分析，而不是听从各方面的意见。如果只顾着听其他人怎么说，就会迷失自己，无法获得良好的收益。巴菲特认为他的判断是不会被其他专家左右的，还认为所有投资者都应该这样。想要成为一个成功的投资人，就要对自己的判断有信心。

无独有偶，在科学领域也有类似的例子。我们都知道，牛顿在物理学方面取得了辉煌的成就。他不但奠定了经典力学的基础，在光学领域也有深入的研究。牛顿认为，光是由粒子组成的，这就是光的微粒说。这个理论能够解释许多现象，因此被认为是正确的。但是科学家发现，还有很多现象是这种理论无法解释的，因此有人提出，光是一种波，这就是光的波动说。两种学说各有很多拥趸，争执不休。但是因为牛顿是这方面的权威，光的微粒说还是占据了更高的地位。

到了19世纪，英国物理学家托马斯·杨用光的干涉实验证明了光具有波动性，大大提高了波动说的威望。他曾经表示，虽然他十分敬仰牛顿，但是在科学领域没有人能够绝对不犯错误。通过实验，他遗憾地发现牛顿是错的，而且正是由于牛顿的权威才阻碍了正确理论的发展。

因为不再迷信牛顿，托马斯·杨有了突破性的发现，也成为一个专家和权威，但是他的理论中也有不完善的地方。在前人的研究基础上，爱因斯坦认为光是由基本粒子组成的，在空间中以量子的形式运动。他虽然重新提出了光的微粒说，但不是简单地重复这个理论，而是认为光具有波粒二象性，这一理论能够更好地解释光学现象。

在科学领域，这样的例子比比皆是。因为世界不是停滞不前的，而是在不断向前发展。人们总会有更多发现，提出更多新的观点。旧观点如果是错误的，那么哪怕它是由专家提出的权威理论，也要勇敢地去质疑。只有这样，科学才能继续进步。由此扩展到生活中的方方面面，无论是在哪个领域，我们都不应盲从专家，要有独立思考的能力和良好的分辨力。只有实践才能证明什么是正确的，专家也不一定对。

4　真理就是真的吗

所谓的真理，就是那些著名人物做出的论断或者发现的定理。我们作为后来者，通常认为真理是经过验证的，所以就是正确的，从不会去怀疑它。学生在学校学习的时候也是一样，把老师传授的东西直接当作真理接受，不会质疑老师。但是从世界发展的规律来看，没有什么是一成不变的。随着时间的推移和事物本身的变化，真理也会随之发生改变。在社会发展的进程中，每一个阶段都有它的独特思想和规范。只有符合现实的结论才能被称作真理。每个阶段的真理不应该成为束缚人们的枷锁，而是应该鼓励人们继续探索新的真理。因此，我们也不能对真理盲目崇拜，而是要敢于质疑，做出符合自己实际情况的判断。

古希腊时期，著名哲学家亚里士多德认为，如果两个物体同时从高空坠落，那么重量大的那个物体要坠落得更快。如果用常识来考虑，人们会认为确实是这样，并且由于亚里士多德是那个时代最伟大的哲学家，所以很多年来都没有人对此产生怀疑。直到伽利略对此提出疑问，他通过一些实验发现，亚里士多德说得并不正确。物体坠落时受到的是空气的阻力，如果阻力相同，那么无论轻重，落下的速度都应该是一样的。为了证明这一点，伽利略来到了比萨斜塔上，把两个大小相同但是重量不同的球同时扔下去，两个球同时落地。这个发现让围观的人惊呆了，因为他们发现真理竟然被证明是错的。

从亚里士多德到伽利略，经过了1000多年的时间。但是在这样漫长的时间里，所有科学家都接受了亚里士多德的理论，并且不加怀疑地接受。他们认为，亚里士多德说的话就是真理，而真理一定是正确的。带着这种态度来学习，除了在大脑中塞进很多不明所以的知识之外，没有任何益处。

有人说，真理只掌握在少数人手中。但是我们也应该明白，真理虽然是被一两个人发现或总结的，但是绝不是靠他们自己凭空想象出来的。只有经过大多数人的实践，才能印证一条真理是否正确。而且有些真理只是符合当时的社会经验，随着科学的发展，真理也会变化。所以我们在任何时候都不能停止思考，要带着疑问去看待所谓的真理。只有这样，才能在自己的领域取得突破。

人类社会在不可阻挡地向前迈进，社会中的指导思想也不断推陈出新。人们眼前的世界越来越大，遇到的新事物越来越多，新的思想和理论也就变得越来越有必要。要通过科学得到新理论，用新理论指导新生活。旧时代的思想会逐渐变得蒙昧，需要顺应时代的发展。我们也要随时掌握新知识，摆脱旧见识。如今的社会中也有很多被打上了标签或者烙印的所谓定论。如果不假思索地全盘接受，无疑是错误的。要敢于挑战权威，通过自己的思考做出符合逻辑的判断才是正确的。不要惧怕失败，如果事实证明我们的想法是错的，更能加深我们对知识的理解，避免以后犯同样的错误。

我们前面说过，专家不一定对。很多知识的更新都是从质疑权威开始的。在牛顿之前，已经有很多物理学家取得了辉煌的成绩。但是牛顿挑战权威，将经典物理学带上一个新的高度。在过去相当长的一段时间里，人们都认为地球是宇宙的中心，日月星辰都是围绕着地球转动的。哥白尼大胆地提出了日心说，让我们对宇宙的了解更近了一步。因此，对权威和真理的挑战，是人类社会进步的助力。

很多时候，质疑真理并不是为了否定真理，而是越来越接近真理的本质，验证真理是否能更好地为社会服务。无论是我们从书上读到的理论，还是老师或专家传授的知识，我们都要经过思考才能更好地吸收。不要把质疑真理当成一件很严重的事，不敢去做。只要你经过了完整而富有逻辑的思考，就可以对真理提出挑战。

人类之所以能够成为地球上唯一的智慧生物，就是因为从诞生之日起就对遇到的所有新事物充满好奇，并且敢于去挑战。在这个过程中，真理不断被发现，也不断被更新和完善。那些最开始发现真理的人，也是因为有自己的思想才做出了判断。要大胆发挥想象力，才能取得进步。如果只是守着前人留下的知识，不向更深处探索，就无法取得进步。要敢于打破常规，创造属于自己的价值。

每个人都生而不平凡，要找到属于自己的方向。那些经过思考而证明了是正确的真理，我们要继续坚守，同时对一切保持质疑。我们人类要生存，身体就要进行新陈代谢，世界的发展也是如此，科学和真理的发展也是如此。总是要出现新的理论代替旧的理论，而发现新理论的任务，则要由我们来完成。新陈代谢的过程如果停止，生命就将结束。真理的交替如果停止，人类社会也将走向终点。因此，我们要有远大的目标，除了满足个人的基本需要，还要向更广阔的世界进发。还有很多未知的事物等着我们去发现，对于整个宇宙，人类依然是如此渺小和无知，所以要永远保持学习的渴望。

在这个世界上，最平等的莫过于人的思想。只有让思想自由驰骋，让大脑得到充分开发，才能让人生变得更有意义。除了简单的生活，我们要的更是自由而无畏的人生征途。要敢于面对真理并且挑战真理，在这个过程中锻炼自己的思维能力。当思维通过这种方式得到提高之后，我们对很多问题的思考过程都会变得更加轻松。

5 直觉未必靠得住

我们在面对一件未知事物的时候，在做出逻辑判断之前，通常会有一个第一感觉，这就是直觉。直觉就像是猜谜一样，答案并不一定正确。但是从人的感官角度来说，很多感觉都和猜有关，都未必靠得住。

首先，如果事物是有形的，那么你会先看到它的外表，视觉在此时开始起作用。视觉是指光从物体表面反射进入眼睛，在视网膜上形成的信息。这些信息反馈到大脑中，由大脑进行分析和判断，形成对物体的认识。这个过程就是一个猜的过程，因为大脑在处理信息的时候会根据以往的经验做出判断，而经验有时并不准确，会造成一些典型的视错觉。特别是在面对一个巨大的物体时，因为无法看到全貌，不能得出结论。有时观察对象十分微小，需要借助其他设备再进行分析，这样得到的答案既是通过大脑想象出来的，又是科学机器计算出来的。把大脑分析出来的结论通过语言表达出来，得出一个结论的过程，就是抽象逻辑思维。这种认识事物的方法，都是通过直觉进行的，因此都不完全符合实际，只是接近实际情况。

因此我们可以知道，用直觉来做判断，是一种相对简单和原始的手段。与通过更为细致的推理过程得出答案相比，直觉产生的结论不一定准确，但是这并不代表直觉反应都是错的。这样一来，如果在相同的时间内通过直觉能够给出更多答案，那么它的偏差率似乎也能被容忍，因为效率提高了。

通过推理得到的答案虽然准确，但是当工作量较大时，容易因为大脑的疲劳而造成认知错误。一句话如果表述不清或者词汇出现错误，通过直觉就很容易发现，因为它与日常表述不符。但是如果直觉能力差，还要通过推理才能得到答案，那么发现问题的时间就会滞后。用直觉来观察事物，会为大脑节省很多精力，同时更容易发现表象上的不同。除了视觉和听觉等感官具有直觉之外，在思维过程中也存在直觉。如果我们的头脑中储存着很多知识，那么一些知识出现在眼前的时候就很容易做出判断。当我们对这些知识的掌握足够熟悉的时候，直觉也将变得更加准确。在思维方面，能够培养直觉的能力，具备这种能力的人，能够更快地浏览知识，通过直觉获得启发。但是直觉终归是最简单层面的反应，如果得出的结论是错误的，就需要用更高级的推理模式得出答案。

因此，直觉与分析各有利弊。但是从总体上来说，因为直觉更容易出错，带来的不确定性也就更大一些。有时候，我们能接触到的信息不够充分，这时可能需要直觉来做出初步的判断。但是在具备进一步分析的条件之后，直觉就需要让位了。还有一些直觉中，想象的成分占了绝大多数，这种直觉更加虚无缥缈，与现实通常没有什么关系。

对于一个生物——包括人类个体——在内，直觉有时是判断环境是否危险的重要依据。例如，我们在夜晚出门，看到一座房子后面有一个阴影，虽然无法马上认出这个阴影是什么东西，但是直觉告诉我们，那里有一个东西。如果凑巧这个阴影的形状和我们记忆中某种巨大动物或者可能带来危险的事物接近，我们就会躲得远远的，甚至从另一条路走。虽然这个判断并不一定准确，但是能够让我们避免可能受到的伤害。这是生物在漫长的进化中得出的经验，那就是：活下来比什么都重要。

在面对可能的危险的时候，直觉会让我们逃离危险。这时无须进行深入的研究和判断，因为直接离开不会造成损失。相反，如果花费时间来分析，那么如果真的是危险来临，就会失去宝贵的逃生时间。在这种情况下，用直觉判断是成本最低的方法。就像是在赛车的时候，赛道上的情况瞬息万变，当紧急情况发生时，就更依赖直觉，而不是逻辑思维。因为逻辑思维是更高级的思考过程，需要调用很多大脑资源，花费的时间更长。在相对安全的环境中，直觉就显得没有那么重要了，在有充足的反应时间的时候，逻辑思维会得出更准确的结论。

直觉相对于逻辑思维的显著弱点是，利用直觉只能做出简单的判断，但是面对复杂问题就无法得出具体的结论。应用直觉的范围很窄，而且通常与经验和知识的累积呈现明显的相关。我们总说，有些技能是学会之后就忘不了的，例如游泳和骑自行车。这些技能都是通过直觉达成的，因此学会之后下次再接触马上就能应用。但是如果面对的是从未见过的新问题或者复杂问题，直觉就无所适从了。可以这样比喻，你可以通过直觉得出简单的加减答案，但是在复杂的代数问题面前，只有一步步地解题，直觉只能带给你解题思路，却不能给你答案。

当然，对于复杂问题也可以通过直觉的猜测来给出一个答案，但是这个答案的准确率通常很低，而且与问题的复杂程度成反比。如果想要得到正确的结论，还是要靠逻辑思维。因此我们可以总结一下应用直觉的范围，那就是需要做判断的时间短和犯错成本低的场合。在这些场合里，直觉的时效性能够得到很好的发挥，而且即便出错我们也不会有太多损失。但是如果需要做出严谨的判断时，直觉就是靠不住的，这时更需要理性的分析来主导。有些人不懂得如何思考，只会盲目地做决定。这些人往往不会考虑后果，因为自己可能不会有什么损失。对于这样的人，我们要尽可能地远离。我们在做决定的时候，要根据实际情况，用好直觉，但不要依赖直觉。

6 做一个“极端分子”

思考问题的时候，有时需要我们从一些极端的角度来考虑。极端的情形可以分为两种：一种是底线思维，一种是极限思维。这两种思维方式能够让我们更全面地判断问题，得出更加完备的结论。

什么是底线思维？底线思维就是预想一个能够达到的最低目标，并且尽一切努力去实现它。底线思维反映的是，我们如果对一件事情的预判已经达到最坏的时候，能够出现什么样的结果。这会带来两种可能性：一种是现在的情形到了最糟糕的程度，不会再恶化下去了；第二种可能是，在这样的谷底可能实现反弹。因此，要设置一个最低的目标，然后尽一切努力去实现它。这样的思维过程背后的逻辑是，在最坏的情况下，如果不会更坏了，那么一切努力都将使情况变得更好。如果能够用这种思维来思考问题，在面对困难时就会克服恐惧，充满希望地迎接任何可能。

美国拳击手泰森和霍利菲尔德都是20世纪伟大的重量级拳王，在他们第一次交手之前，媒体预测的结果都是泰森获胜。因为泰森的风格凶狠，躲闪灵活而且拳头很重，在此之前通常都是击倒对手获胜的。在比赛之前，博彩公司开出的赔率也表明，泰森的赢面巨大。在这种情况下，霍利菲尔德并没有气馁，他没有因为媒体对泰森铺天盖地的吹捧而产生恐惧，而是给自己制定了一套战术，并且给出了自己的底线，那就是争取将比赛进行到第四回合以上。这个数字是由泰森之前的战绩制定出来的，因为泰森在之前的比赛中很少让对手坚持到四回合以上。

在这样的底线思维支持下，霍利菲尔德研究了自己的战术，在前两个回合积极防守，消耗了泰森的体力，躲过了最危险的时刻。当四个回合过去之后，霍利菲尔德已经实现了自己的底线目标。但是相比之下，泰森则显得越来越急躁，因为他从没打过这么多回合的比赛。在心理状态此消彼长的情况下，比赛的主动权开始转移。霍利菲尔德越战越勇，竟然将比赛拖入了第十回合。这时，场外的媒体也傻眼了，因为根据他们最乐观的估计，霍利菲尔德也只能打到第九回合。泰森因为没有做好充分的准备，此时的体力也已经消耗殆尽，完全处于被动挨打的局面。而且现场观众发出的欢呼声也给泰森造成了巨大的心理压力，让他几乎无法坚持比赛。就这样，霍利菲尔德在最后一回合的比赛中击败了泰森，加冕新拳王，给全世界不看好他的人都上了生动的一课。

还有一位网球选手善于使用底线思维来为自己的比赛提供帮助。他曾经要面对一位比自己强很多的选手，因此在比赛之前他就对比赛进行了预测。他首先想到的是最坏的结果，那就是他以两个0：6干脆地输掉比赛。他继续想，这个结果会给我带来什么样的影响呢？首先他自己会接受这个结果，因为双方的实力悬殊。如果朋友知道了，也会安慰他，因为对手确实十分强大。想到这里，他觉得自己没有什么好失去的，这样一来，本来紧张的情绪也有所缓解。在比赛中，因为他的心态十分放松，所以能够很好地发挥自己的水平和竞技状态，最后的结果比他预想的要好。他虽然输掉了比赛，但是并不是没有得分，这已经让他十分满意，并且对备战之后的比赛也有积极的影响。

和底线思维相对的是极限思维。什么是极限思维呢？就是把所有影响问题的因素都考虑到极致，当进行极端假设时，一些本来复杂的问题也会显露出答案。如果说底线思维是放手一搏，那么极限思维就是充分利用所有条件和思维能力，是一种技巧性更强的思维模式。

但是我们要注意的是，极限思维也要在一定的范围内进行，进行极限假设的时候要符合常理，如果突破了客观条件的限制，那么极限思维也无法起作用。比如有人想要说明人多力量大的时候举了一个例子。如果一个人自己修建一座房子，可能需要一年的时间，甚至更久。但是如果他能召唤11个伙伴和他一起工作，那么只需要一个月的时间就能把房子盖好。因此这能够说明，参与工作的人越多，工作完成得就越快。有人听了他的话之后回答说，如果按照这个理论，那么365个人一起工作，一天就能盖好房子。进一步说，如果有51840个人一起工作，盖好一座房子的时间将能缩短至一分钟。但是这个结论是不符合客观实际的，因为“人越多工作完成得越快”这一前提首先就是错误的。因此我们要注意，要在合理范围内应用极限思维。

在科学发展的过程中，很多时候都需要用到极限思维来进行推定。一些重要的定理就是在极限情况下被发现的。我们都听说过牛顿和苹果的故事。牛顿通过树上落下的苹果联想到引力，并最终发现了万有引力。但是实际情况是，牛顿并非只是因为一个苹果就得出了这一重大发现，而是沿着这条线索用极限的方式加以思考。苹果树如果继续长高，苹果仍然会落到地上吗？如果苹果树能够一直长高，直到月亮的高度，那么苹果就会落到月亮上。那么在这个过程中，存在一个临界点，在这一点上，苹果会飘浮在太空中，无法落向地球，也不会落向月亮。这个临界点是由什么来决定的呢？这引起了牛顿的深深思考，并最终促使他发现了万有引力定律。

因此我们可以看到，在很多情况下，用极端的方式来思考问题，能更好地解决问题。我们要根据实际情况应用底线思维和极限思维，在合理范围内，做一个思维上的“极端分子”。

7　重要的不是事物，而是眼光

很多人在看待问题的时候，总是先从事物本身着手。这样虽然也能解决问题，但是效率往往不高，解决问题的思路也比较僵化。这样的思考是笨重的，会让人感到疲倦。如果先对事物及其外部环境做出一个具体而全面的分析，就能事半功倍，解决方法也会更加巧妙。这种思考方式能让人更加轻松，因此，培养看问题的眼光十分重要。

美国的卡内基博士人称钢铁大王，他是美国有史以来最成功的商人和最伟大的慈善家之一，他建立的钢铁公司能够左右整个美国的钢铁市场。他出身贫苦，曾经在美国西部铁路局做电报员。有一天他正在值班，突然收到一封加急电报，电报里说一列货车堵在了一条单轨铁路线上长达4个小时，不知道如何处理，请铁路局长批示。卡内基急忙去通知局长，却发现局长不在。因为铁路运输系统十分复杂和精密，因此所有列车的调度命令都必须由局长下达。如果其他人擅自调度列车，会被立即开除。但是卡内基知道，如果这列货车继续堵塞在路上，将会带来更大的损失。想到这里，卡内基做出了决定。他来到局长办公室，仔细研究铁路运行图，发现了导致货车堵塞的原因。他以局长的名义签署了调度令，发了出去。在他的调度之下，铁路很快就恢复了通行。

局长回来之后听说了这件事情，马上把卡内基叫了过来，问他为什么这样做。卡内基说明了自己的理由，是因为不想让货车继续堵在路上，给铁路局造成更大的损失。没过多久，局长就推荐卡内基担任宾州铁路局的局长。他对卡内基说，一个平庸的人只会做好眼前的事情，但是一个非凡的人会站在更高的地方，从全局看问题。卡内基已经表现出了不寻常的眼光，因此已经能够胜任局长了。这位局长果然没有看错，卡内基不但在铁路行业取得了成功，还凭借着对行业的了解和商业上的敏感，在日后成为一代钢铁大王。

每个人的思考习惯都不尽相同，甚至可以说，很多人都不懂得该如何思考。思考是随时随地都会发生的，不但在工作中要用它来解决问题，在生活中也要用到思考来总结经验和规律，为今后的行为提供指导。正确的思考应该是一个自然的过程，就像我们一直强调的，要进行轻松的思考，这就要求我们培养好的思考习惯。在看待问题的时候，不能只流于表面，而是要全方位地观察事物。而找到一个正确的思考方向，比思考本身更加重要。

看问题的角度往往决定了我们最终能够取得怎样的结果。想要全面地看待问题，当然是不容易的，是需要训练的。如果不愿意进行这样的锻炼和学习，就难免会有片面性。一个事物的局部是无法代表整个事物的，因此你眼中看到的信息并不是真实和完善的。这将影响你的判断，甚至误导你得出错误的结论。因此，要让自己的眼光放得更加广阔和长远，尽量从最佳的角度全面地看问题，这样才能更好地解决问题。

曾经有一位受过良好教育的美国人，我们称他为A先生。A先生继承了一笔遗产，其中包括一大片土地。这片土地很贫瘠，没法种植庄稼，也没有特殊的出产，他没有从这片土地上得到什么收益，反而因此蒙受了损失。因为美国法律规定他要为这笔遗产支付遗产税，还要为这块土地支付土地税。这让他十分头疼，想要把土地处理掉。这时有一个从未受过教育的人——当然也不具备任何经济知识——开车从这里路过。我们称他为B先生。在B先生眼中，这片土地展示出的是另外一番景象。他没有把眼光只放在土地本身上，而是设想从这片土地上向四周看去，能看到怎样的景色。

土地位于山顶上，站在这里眺望，能看到山下的美景。一条公路从土地上穿过，路边有一些矮小的树木。这些都吸引着B先生。因此，他找到了A先生，提出想要购买这片土地。A先生很高兴，认为终于可以把这个烫手山芋甩给别人了，因此以每英亩10美元的低价把土地卖给了B先生。

B先生得到土地之后，开始着手改造。他用土地上生长的树木为原料，在公路旁盖起了一间餐厅和度假屋。因为这里有很好的风景，因此住客很多，让他在头一年就赚到了15万美元。第二年他又新建了一批房屋，扩建了餐厅，还建起了一座加油站。新建的度假屋不但能够短租，还可以长期出租。这笔生意又为他带来了可观的收入，因为他就地取材，没有花费一分钱的材料费，只用了很少的人工费。

在尝到了足够的甜头之后，B先生又在附近买下了一片更大的土地。这片土地的主人出价25美元每英亩，并且认为这个价格已经足够高了。B先生在这里修建了一个人工湖，水源来自当地的溪流。他在湖边建起了同样的度假屋，并向外出租。由于这里面积更大，景色更美，因此出租的价格也更贵。只用了一个夏天，他就赚进了25万美元。B先生能够做到这一切，并没有借助任何专业知识，只是通过全新角度的观察发现了商机。而土地原先的所有者A先生只看到了土地本身的贫瘠，因此让好机会从自己手中白白溜走了。

通过这个例子我们可以了解到，知识固然重要，看问题的眼光却能让人得到更多。我们要破除旧有的思维习惯，不仅关注问题和事物本身，更要学会全面地观察，培养自己独到的眼光。当你学会了多角度进行思考，就会发现寻常事物中也许包含着令人惊讶的成果。重要的并非事物，而是你看待它的眼光。

8 眼见未必实

我们在面对外界事物的时候，首先大都是通过视觉来观察和感受的。我们会用眼睛来观察一件事物是“怎样”的，并对它产生第一印象。很多人都对自己所看到的事情深信不疑，认为这就是真相。当你对他产生怀疑，他就会说，这是我亲眼看到的，怎么会有错呢？但是，看到的东西就一定是真实的吗？你的眼睛是否会欺骗你，甚至误导你呢？这要从两个方面来考虑。

首先，我们在看问题时都会带有主观色彩，因此从这个角度来看，并不存在绝对客观的事物。也就是说，我们对同一个问题的理解，也会因为各自主观意愿的不同而产生差异。因此，你看到的东西并不完全是真实发生的事件。

我们可以用一个例子来说明。曾经有一个成功的商人，他的生意遍布全球，因此经常要到世界各地采购原料和销售商品。有一次，在长达数月的海外贸易结束后，他一上岸就马上朝家里奔去，因为家里有他朝思暮想的妻子。当他来到家门口时，发现家里亮着灯，映出了室内的情景。他的妻子正在和一个他从未见过的男人共进晚餐，而他的妻子竟然还亲自把一块牛排喂到了男人嘴里。在这一瞬间，他认为妻子背叛了他。于是他转身离去，在这之后的几十年都没有再回家。等他到了风烛残年的时候，心里仍然记挂着这件事。他决定去找他的妻子问个明白，解开这个心结。当他回到故乡，发现妻子仍然住在他们的老房子里，见到他时十分激动，因为她以为丈夫早就已经死了。商人说明了自己的来意，没想到妻子号啕大哭。她说，那个男人是自己失散多年的哥哥，凑巧在这里相认了。商人因为相信自己眼睛所看到的，而没有深入求证，竟然和妻子分离半生，不能不令人惋惜。

还有一种情况，是由于视觉独特的形成过程而发生的视错觉。在这种情况下，我们的大脑会被眼睛欺骗，造成眼见不为实的现象。视觉是如何形成的呢？首先，光线会通过眼睛汇聚在视网膜上，视网膜感知到光影的信息，将这些信息传送到大脑中，大脑随后做出反应，认为自己“看见”了某种东西。因为人眼的生理结构，当一个物体所处的位置无法在视网膜上形成投影，我们就说它处于眼睛的盲点。但是两只眼睛的盲点不同，所以一只眼睛看不见的东西，另一只眼睛还能够看到。

视网膜还存在一种暂留现象，也就是说，投影到视网膜上的信息，要过上一小会儿才会消失。电影这种艺术形式，就是利用人眼的暂留现象而发明的。因为每张底片都会形成暂留，而当它们运动的速度足够快时，在我们看来，影片就变成了连贯的。或许我们小时候也曾经做过这样的游戏，在一个本子的每一页上都画一个小人，但是他的动作是不同的。当你快速翻动本子时，小人看起来就会动了，动画片就是这样产生的。

除了暂留现象，我们的眼睛在分辨事物的色彩时，也会形成错觉。

不同颜色的光叠加在一起，就形成了白光。两种颜色的光如果能合成白光，就被称为互补色。当眼睛里只接收到一种颜色的光时，往往会自动给其他地方上色，使用的就是它的互补色。我们或许都有过这样的经历，当阳光十分强烈时，迎着太阳看上一小会儿，再看向其他地方，就会明显偏蓝。

在日常生活中我们会被眼睛所欺骗，在科学领域这种情况也无法完全避免。虽然利用科学知识和精密的仪器，科学家们可以尽量减少人眼带来的误差，但是主观意识会让科学也受到影响。这一点在对光的认识上有充分的体现。人对光的研究由来已久，并且设计了很多关于光的实验。通过光电效应实验，很多科学家认为，光是由微粒组成的。但是持另一种观点的科学家通过光的干涉和衍射实验，认为光是一种波。两种理论僵持不下，持续了很多年。现在我们都知道，光既是由基本粒子组成的，同时也具有波的特征，这就是光的“波粒二象性”。在主观意愿的局限下，看待事物就难免以偏概全。

通过这两种情况，可以总结出，我们用眼睛看到的，是大脑接收到的经过处理的信息再受到主观影响的产物，因此不能说它们就是真的。有很多事物实际上非常复杂，但是我们能看到的只是局部，甚至是一种假象。这时我们就要仔细地加以分辨，不要被假象蒙蔽了双眼。

但是，视觉上的错觉带来的并不都是坏处。我们在了解了错觉形成的原理之后，就可以利用这种错觉来做些有用的事情。前面我们已经说过了电影和动画，还有很多领域也应用到了视错觉。例如，我们可以通过视觉装置来训练飞行员，锻炼他们的快速反应能力。从这一点来看，错觉虽然可怕，但是被掌控的错觉也能做出有益的贡献。我们也要明白错觉或者主观感受带来的误判会时有发生，因此不能总是心怀疑虑，对眼前所见的每件事都不敢相信，那样未免有些极端了。

最后我们要来思考一下，怎样才能够分辨出哪些是真实的，哪些又是错觉或者误判呢？首先，我们在观察事物时不能盲目地下结论，要从各个角度多看、多分析，避免错觉。其次，要尽量排除主观意愿的影响，用客观的标准来看问题，通过逻辑思维来做出判断。当你不再急于发表结论，平和而理性地思考问题，就能够避免很多错误的认识。有时我们会说：真的不好意思，这实在是一个误会。眼见未必实，如果能多听多看，做到不急不躁，很多误会就会消弭于无形中。

9 当思考成为空气

在工作或者生活中，我们可能会面临一些棘手的问题。这些问题不容易解决，于是我们会一直思考下去。这个过程经常会让人感到疲倦，因此有人会中途放弃，之前所做的工作也都被浪费了。我们要培养好的思维习惯，就要在结果出现之前，一直保持思考。即便这种思考不是完全开动大脑全速运转，至少也要保持一个思考的状态。与很多人想象的不同，这种随时思考的状态不但不会让人感觉累，反而会提高反应能力和思考效率，长期坚持下去，就会让思考变得更加轻松。

那些能够轻松应付的工作，通常都是非常容易的，甚至不需要动脑，只需要机械地完成就可以了。这些工作虽然也消耗我们的时间和精力，但是却难以称作真正的工作。在这些工作上花费的思考，也不是真正的思考。在做这些工作时，我们的头脑只有负责记忆的部分在工作，而完全不必去想为什么和怎么样才能做得更好。因此，我们不能只停留在这个阶段，而是要让思考发挥作用。

能引人思考的工作，才是能让人进步的工作。它们包含的内容并不是固定的，和上面所说的重复劳动完全不同。这些工作并非一次性或者短时间就能解决，而是需要制订计划并且在实施的过程中持续改进，最后才能实现完美的结果。这个过程的时间取决于问题本身的难度，还取决于执行的效率。例如在创意工作领域，首先要明确需求方的意愿和诉求，随后要搜集素材和资料，接下来要开动脑筋，才能得到最基本的创意。在实施的过程中，还要与需求方随时保持沟通，了解他们的意愿。在整个工作流程中，创意的产生是最重要的。当一个好的创意诞生之后，如果要把它变成直观的结果，是另外一个问题。创意，归根结底在于思考。这种思考不只局限于工作时间，而是随时随地都在进行。只有这样，好点子才会在不经意间跃入脑海。

以此类推，不只是在创意行业，在很多领域中，工作带来的思考都是时刻进行着的，在结果出现之前不会停止。虽然我们工作的时间是有规定的，但是思考的时间是没有规定的。当你在认真思考一个或几个问题的时候，那么不仅吃饭时会思考，走路时会思考，连躺在床上之后到入睡之前的这段时间，也会拿来思考。当随时思考已经成为一种习惯，你就会发现，工作在不经意间就被完成了。你的好主意和好点子总是源源不断地流淌出来，会让你显得毫不费力。

在一个工作团队中，如果你只会完成分配下来的任务，不去积极思考，那么就总是会被安排到那些相对低级的工作环境中去。做这些工作不需要思考，只需要动手就可以了。在这样的环境里，你不但不会提高自己，甚至在长期的简单重复劳动中，把原本已经具备的能力也忘掉了。你或许会被人经常夸奖，说你真是勤劳肯干，工作态度端正，但是领导却不会给你升职。如果不做出改变，你就只能从事这样的简单工作。你无法决定自己做什么，只能服从分配，而那些真正动脑子思考的人，才是制定工作流程的人。

在大规模机械化和自动化普及的今天，越来越多的人力被机器取代，但是思考的人不会被取代。他们仍然会为机器设置程序，指导它们如何工作。因此，如果不能随时思考，就只能麻木地工作。懂得思考就不同了，这样可以让人随时得到新的结论，提出新的想法。所以，要始终保持积极的思考，直到最后一刻。或者说，只要是在清醒的时间里，我们都要保持思考的惯性。

一个总是在思考的人，不但会在工作中游刃有余，在生活中也会让自己过得更加舒适。有些人的生活只是在简单地重复，每天过得都十分相似。生活对他们来说没有什么波澜，平静得像是无风时的湖面。而那些思考的人会想办法让自己的生活变得更加与众不同、丰富多彩，总有新奇的发现，给生活增添趣味。

对于一个集体来说，会思考的人也是一笔难得的财富。永远都不缺少操作机器的人，但是设计机器的人不常有。因此，一旦你学会了思考，就在无形中增加了自己的价值。越是在逆风时，越能体现出会思考的人的重要性。通常来说，一个企业如果为了渡过难关而裁员，裁掉的不会是那些一直保持积极思考的人。因此，思考无论是给个人还是团队或企业，都能带来正向的结果。这些人无论在哪里，都会成为核心。所有工作都由他们设计，并通过他们得以实行。

任何时候，都不要停止思考。不管你面对的是一份需要全情投入的工作，还是每一天都想要不一样的精彩生活，思考都会带给你最好的回报。我们在评价一个人的时候，也不能只在乎他的工作态度是否认真，而是要看他是只完成了一项理应完成的工作，还是带着思考去做一件事情，得出自己的经验并提出想法。让思考像空气一样自然流动，解决一个问题之后，再解决下一个问题。

我们对自己的爱人抱有怎样的一种感情呢？会随时都想着对方，这种想法即便不表露出来，也会在内心一直持续着。在工作和生活中，思考也是同样重要的。你并不一定要随时表现出冥思苦想的样子，但是你的脑海中要时刻保持对问题的敏感。让思考自然而然地发生，就会带来不期而遇的成果。我们的耕种不一定会带来收获，但是如果没有付出，就一定不会有收获。当你在头脑中播下思考的种子，它就会成长起来，在某一天为你带来丰硕的果实。

10 从背景去看

我们如果想要理解一个问题，就需要对它有全方位的了解。不但要看到它的表象，还要知道它产生的背景是什么。如果对背景了解得不够深入，那么就无法正确地解决问题。举例来说，你在读一本书时，会做出自己的理解。但是如果让这本书的作者解释理解过程，则会失去很多细节。因为作者本人对书中所写的东西是知晓的，所以会认为读者也同样知道。但是事实上，每个读者由于阅历和知识水平的不同，具有的背景也不一样，因此，这样的背景差异就会带来理解的困难。

真正理解了问题的原因所在，才能很好地解决问题。问题中通常会透露出一些背景，同时，你要通过自己的分析来提炼出另一部分背景。当所有背景都已经掌握了，问题的答案也就呼之欲出了。有时候我们会面临一些测验，这些测验的目的就是对我们掌握的背景知识加以考察。因此，如果我们能够顺利完成测验，就代表着知识的全面。当然，我们也可以通过一些取巧的方式通过测验，但是这样不会让我们的知识得以增长，相反会让我们失去学习的机会。

我们在和其他人交流的时候，往往要有一个共同话题，而要找到话题，就需要有一个共同的背景。如果双方背景不同，交流起来就会很吃力，甚至听不懂对方在讲些什么。这里所说的背景不是指语言或者交流方式，而是文化背景和社会经验的背景。如果有人和你谈起美式橄榄球，而你从来都没有关注过这种运动，那么你们就聊不到一起去，因为对方不会从头为你普及美式橄榄球的相关知识。当然，你也未必会感兴趣。

很多时候，我们解决问题的目的并不在于解决问题本身，而是通过思考来发现问题产生的背景。你可能有过类似的经历，那就是在别人的指导下能够很好地思考和解决问题，但是独自去做的时候，就难以完成。这种情况说明，你本来是掌握问题的背景知识的，但是如果靠自己的独立思考去应用背景知识，就感到十分困难。这种情况很常见，这说明你不懂得如何运用思考来提炼知识，因而造成理解上的障碍。

一旦有了新的经验，学到了一种新的背景知识，这种背景就会在相当长的一段时间内发挥作用。例如，当你成功解决了一个难题，那么关于这个难题做出的思考会留在你的记忆中。当你在日后遇到类似的问题时，这些经验马上就会出现在你的脑海中，对你说这个问题曾经遇到过，有一个现成的解决办法。因此，对背景的理解和掌握是十分重要的。

但是，为什么我们有时明明具备对背景知识的了解，却无法合理地应用呢？这是因为，我们没有调动思考的积极性，只是机械地将之存储在了记忆里。在需要使用的时候，大脑不会想到去调用这些记忆。也可以这样说，离开思考的知识储备没有什么意义。只有通过思考才能真正对知识形成自己的理解和判断，进而能够正确地应用。如果只是机械地学习到了一种现象以及造成这种现象的背景，但是没有弄清楚背景和现象之间的逻辑关系，那么下次再遇到类似的现象，也不知道该怎样解决。

对于熟练掌握一门知识的人来说，运用背景知识来解决问题是自然而然的事情。但是对于初学者和门外汉，则是十分困难的。比如，你遇到了一个棘手的问题，经过反复思考都没有解决。你拿着问题去请教专家，结果专家告诉你，只需要使用一种公式就能很快得出答案。这时你会开始反省：这种公式我明明也学过，为什么没有想到用它来解题呢？出现这种情况的原因多半在于，你对问题的背景——也就是这个公式的应用条件——并没有做到真正熟悉。或者说，你对背景的思考不够，没有将它和已有的其他知识关联起来，因此它就被孤独地封存在你的记忆里了。只有通过思考充分理解了背景，才能在遇到问题的第一时间厘清思路，明白解题的要点。当你的脑海中并不只有零散的知识点，而是连成一片时，思考就会变得更加系统和顺畅。

现在我们知道，事物的背景之间是存在联系的，而非孤立存在的。我们要通过思考找到它们之间的联系，并且总结出解决问题的规律。如果把每个背景都单独扔在脑海里，那么下次要找到它，也是一件十分困难的事情。无法与已有知识连成一体的知识是毫无意义的，只能一次性解决某个问题，在下次遇到类似问题的时候，还要重复耗费精力。因此，思考和理解是必要的。例如我们了解到物理学中有万有引力定律，也有热力学第一定律。它们虽然同属物理学范畴，但是却无法简单地加以联系。知识之间不能随意地彼此连接，而是需要通过思考让它们形成一个整体。只有在对一个物理问题的背景充分了解之后，才能判断到底需要使用哪种定律。

因此，我们要做到了解问题的背景，并且掌握背景之间的联系。如果你在解决一个问题的时候学到了一个新的知识，却不能在下次需要的时候熟练使用，那就说明你只是“知道”，而没有“理解”。只有充分地理解，才能对解决问题有所帮助。而那些知道的知识仅仅是给记忆增添一些负担罢了，你仍然无法真正地独立解决问题。我们在之前的章节中说过，要形成思考的习惯，让思考的过程在大脑中一直持续。面对一个新问题时，要仔细观察它的表象，更要从背景深入去了解。当你的思考足够活跃、经验足够丰富时，就会迅速发现它的背景，并和脑海中的类似知识联系在一起，最终解决问题。

11 好坏的标准

在这一章中，我们提到了很多种思考的方式，以及怎样才能轻松地思考。思考是支配我们日常行为的原动力，因此不但要勤于思考，还要注重思考的质量。有些思考对人有益，还有些思考则会起到负面作用。在这一节里，我们就来总结一下思考的标准，看看好的和坏的思考分别都有哪些特点。

好的思考能够对一个人的工作和生活起促进作用，提高效率，使之达到一种更好的状态。这种思考首先应该是积极的。积极的思考是与被动的、消极的思考相反的，是一种主动出击的思考方式。遇到问题的时候，如果能够积极主动地想办法，寻求问题的解决方式，这就是积极的思考。如果在困难面前一味拖延，或者等着其他人来帮忙，就是消极的和被动的，对提高思考能力毫无帮助。因此，我们应当保持积极的状态，学会独立解决问题。

其次，好的思考应该带有明确的目的，在思考的过程中要时刻能够掌控进度，懂得何时开始和结束。这是有意识的思考有别于胡思乱想的地方。要想解决问题，就需要明白自己究竟该想些什么，而不是漫无边际地异想天开。通过有意识地引导思考的方向，才能得到预期的结果。

好的思考应该富有创造力，能够以一个新的角度来看待问题。在思考问题时，我们经常会受到旧习惯的影响，有时会陷入思维定式中。因此，要全面地看问题，理解问题的本质，就需要摆脱束缚，进行全新的思考。在做到以上所说的几点之后，还要注意，要让思考富有成效，能够得出应有的结论。如果通过思考没有能够解决问题，那么就说明思考是无效的，某个环节一定出现了问题。因此，好的思考还应该能让人得到理想中的结论，达到解决问题的目的。

了解了什么是好的思考之后，让我们再看看坏的思考有什么样的特点。当我们明确了这些特点，就能在日常思考活动中尽量避免犯类似的错误。首先，思考不应该存在局限性，受到很多条条框框的束缚。如果脑子里总是想着，必须满足某种条件才能解决某种问题，那么就会限制我们的想象力。我们在面对一些困难和挑战时，就无法进行创造性的思维，难以解决问题。正确的办法应该是，在问题面前首先想到的是可能有哪些解决方法，而不是必须具备的条件。只有这样才能够集思广益，破解难题。

思考问题要全面，要想到所有可能的结果，而不是轻易得出结论。遇到问题时，你可能粗略一想，就得出了答案，那么这个答案很可能是不完善的。或者你只是浅尝辄止，遇到一点困难就说完成不了。这样一来，你虽然能够逃避问题，但是也放弃了一个学习和成长的机会。还有些时候，你会简单地认为一个问题有且只有一个答案。但是你要记住，条条大路通罗马，同一个问题在不同的条件下，答案就可能是不同的。

同时，还要注意听取其他人的意见，不要固执地认为自己一定是对的。

在问题面前不拖延，马上开始行动，这固然是好的，但是这种行动应该是在思考指导下的结果，而不是一味地蛮干。在行动之前，要先进行思考，分析清楚问题的原因，以及怎样解决才能不留后患。如果在行动之前什么都不想，虽然也能解决一些问题，但是难免效率低下，总是处在一个较低的水平，而无法通过思考和总结获得提高。

了解了好坏思考的特点之后，在日常生活和工作中该如何转变思维，使坏的思考改善为好的思考呢？首先要注意的就是，从固有的思维模式中跳出来，要让思考变得更加开放，而不是在一个狭小的圈子里来回打转。

曾经有一个公益广告就应用了心理实验来告诉我们，如果注意力只局限于一个地方，会带来怎样的后果。在广告中，镜头对准的是学校中的一对有趣的情侣，他们因为在图书馆的阅览室互留信息相识，成为挚友，最后相恋。但是就在热恋刚开始的时候，却死于一场校园枪击案。影片到这里戛然而止，并出现字幕：你有没有注意过你身边的其他人？影片重放，在主角出现的每个镜头里，枪击案制造者都在，不过他在图书馆翻阅的是枪支和武器方面的书，在网站上浏览的是战术教程。最主要的是，这一切都没人注意到。

从这个例子中我们能够明白，一个微小的细节，可能在最后酿成一个严重的问题。因此我们要对问题的每个方面都考虑周全，这样才能做到没有遗漏。

还有一种方法我们应该学习，那就是在开始一件事情或者解决一个问题之前，先明确自己究竟想要什么，并给出让自己信服的理由。很多人都认为，自己足够了解什么是自己想要的，但是事实并非如此，在解决问题的过程中，总会有一些想法不自觉地跳出来，干扰这场思考的进程。举一个例子，有个网球选手带着女朋友一起参加比赛，在比赛中他总是试图大力扣球，但不幸的是总失误，最后输掉了比赛。因为他的目的已经悄然发生了变化，从赢得比赛，转变成了在女朋友面前露一手。于是次要的目的战胜了主要目的，最终使主要目的无法达成。

我们在思考问题的时候，要让思想自由地驰骋。在面对新问题的时候，很多富有创造性的答案都来自想象。因此，在思考之前不要为自己划定范围，不要为思想设限。当你思考了很长时间都没有得出结论时，首先要检查一下，是不是头脑在不知不觉中走入了一个封闭的空间。可能你会无意识地回到原有的思维模式中去，这时就要提醒自己，这样的思考是错误的，要有勇气加以改正。当你学会了转变思路，也将迈出正确思考的第一步。

Chapter 3

让思考变得轻松

1 厘清重点是关键

你可能曾经有过这样的经历，当你想要描述一个问题时，说来说去都找不到重点，最后竟然把自己绕糊涂了。还有的时候，你在尝试解决一个问题，感觉明明想通了很多地方，却感觉离问题的核心依然十分遥远。你身边的朋友或者同事或许正相反，你在听他们描述问题时，感觉很有条理，很容易就能听懂。这时你会问自己，这是为什么？

原来，影响一个问题的因素有很多，要分清主次，抓住重点，才能更有效率地思考。因此，我们要学习如何厘清问题的重点。这也是一种能力，需要加以训练。你可以选择通过一些方式来刻意训练，也可以在平时的生活和工作中把这种训练当成一个习惯。这种训练能够让思考更加富有逻辑和条理，让你在解决问题的时候事半功倍。

那么你该如何训练这种能力呢？首先要注意的是，无论是解释一个问题还是描述一种现象，都一定要有条理。不能混杂在一起描述，而是要把问题分成几部分，分别进行描述。一个大的部分可以再进行细分，分为更加具体的小部分。要把问题解释清楚，才能够更好地理解问题。在理解的基础上，才能真正解决问题。

举例来说，你在思考怎样做一份意面，那么你的思考过程应该是这样的。你最先要考虑的是，你想做什么风味的意面，需要准备哪些材料。在食材准备好之后，你接下来要思考的就应该是烹饪的流程了。你需要烧开一锅水，然后向水里加盐。意面的粗细程度决定了要煮的时间，也影响最终成品的口感，因此要格外注意。面煮好之后要沥干水分并且加入橄榄油，如果忽略了这一步，面就会粘在一起。接下来是炒制酱料，你要注意火候，不能有太多汁水，也不能过于黏稠。最后一步是装盘，一个好的造型会让你食欲大增。

你看，即便是做一盘简单的意面，都有这么多需要注意的问题。你要按照先后顺序逐一解决，并且按照重要程度分别加以关注，最后才能呈现出一份完美的食物。不要认为食物可以敷衍，如果你在这方面不够认真，那么在其他方面更会如此。

想让自己变得更有条理，第二个需要训练的方面就是对每个问题都能进行详细的分解。不但要把问题分为几个基本的要素，还要对这些要素进行再分解，甚至三级分解。在每个层次下面，都找到尽可能多的支撑理由。这样一来，你就能快速厘清问题的要件，并且能鲜明地看到哪些是重要的，哪些是次要的。

在思考问题的时候，首先要考虑最主要的方面，然后再向下思考。只有分清主次，才能用符合逻辑的方式解决问题。否则就会逻辑混乱，纠缠不清。可能在最初的时候你会有所遗漏，无法找到所有与问题有关的条件。但是只要勤加练习，就会越来越好。这种把问题说清楚的能力并非所有人都具有，因此只要你具备了这种能力，就会在人群中显得十分突出。很多人即便有多年的工作经验，当你让他解释一下自己负责的工作时，他依然会说不清楚，这就是欠缺条理能力的体现。

当你学会了做事有条理之后，需要训练的另一个能力就是快速抓住重点。当然，只要逻辑思维能力得到了提高，就会更快地发现重点。在做决定时，你应该知道哪些才是真正需要考虑的，哪些对决定影响不大，可以在稍晚的时候再加以分析，甚至直接舍弃。但是这样做的前提是你对问题的整体有所了解，这样才不会错误地遗漏重要信息。在一个企业中，经常会出现不同的部门之间没有配合，而是自顾自的情况。

举例来说，一个公司的销售部门在制订销售计划时，会忽略生产部门的供应能力。财务部门在制定预算时，也没有充分考虑到各个部门之间的差异，而是一切以节约成本的前提出发。造成这些问题的根本在于，每个人看问题的角度都是狭隘的，都是不全面的。而且因为他们都十分相信自己的专业能力，所以不愿意采纳别人的意见。思考也会被局限在本部门之内，形成一个个小圈子，却无法成为一个整体。这样各自为政的团队必定是一盘散沙，毫无凝聚力。

因此，通过这样毫无重点和主次的思考做出的决定，一定是不完善的，会存在很多问题。当你发现问题的时候才会感到后悔，明白自己忽视了一些需要重点考虑的问题。你可能没有进行充分的前期市场调研就盲目地在一个地方开店，结果发现那里的交通情况十分恶劣，因此没有人愿意来。你为抓紧时间完成一个项目而招募了很多员工，之后却发现他们并没有从事过相关工作的经验，你要从头开始培训他们，不但没有节省时间，反而浪费了宝贵的精力。

因此当你要做决定的时候，就要具有厘清重点的能力。不但要能够发现那些显而易见的重点，还应该能留意到那些隐藏在表面之下，但是对问题有着决定性作用的因素。同时，问题越复杂，说明影响它的条件就越多。这时不要急于做出决定，而是要进行充分的考虑。你发现的重点越多，就能越全面地思考问题。问题的关键就在错综复杂的条件当中，你要从中找到它们，并且形成一个完整的解题思路。

要想做到这一点，你可以在平时的思考中多做一些训练。比如，当你在阅读新闻或者工作简报时，应该养成随时总结重点的习惯。给每段新闻做一个简单的标注，说明它阐述的重点问题。这样的习惯能够让你迅速找出重点。当你在向上级汇报工作的时候，不但要说明你解决了哪些问题，还要弄清楚这些可以给上级、团队或者公司带来怎样的价值，而后者往往是最关键的。

对你手里所做的每件事，都要问问自己，为什么要这样做，这样做能够得到什么，如果不这样做，还能采用什么方法。回答了这些问题，就会对自己要做的事更加清楚，也更有信心。你还应该明白，个人的能力是有限的，因此你需要经常寻求他人的帮助，并且乐于帮助他人。对于同一个问题，每个人的侧重点都不同。你不但要为自己考虑，也要为他人着想，找到对所有人都重要的因素，这才是真正抓住了重点。

2 找到解决问题的钥匙

在解决问题之前，首先要弄清楚你面对的是怎样的问题。你在生活和工作中最常遇到的可能是以下的一种或几种情况：你的感情遇到问题；工作中遭遇瓶颈，升职无望；所在的行业已经变成夕阳产业，没有前途；面对复杂的问题毫无头绪，不知道该怎样解决；等等。这些问题对你来说有一个共同点，那就是不符合你的期望。或者可以这样说，你要面对的所有问题都来自现实和期望之间的落差。

明白了这一点之后，你可以转变一下思路。问题之所以成为问题，是因为没有解决。一旦得到解决，你的生活就会随之发生改变。如果能够这样想，那么问题就不再是单纯让人苦恼的麻烦，而是你前进和提高的动力，能够让你离梦想更近。因此你在界定一个问题时，不但要找出问题所在，还应该明白你想要的是什么。

当然，生活中的实际情况往往更加复杂，因为你在同一时期通常要面对很多不同的问题。例如，当你在工作中遭遇瓶颈的时候，除了你个人的能力问题，还可能包括：上司给你的压力太大，团队合作欠佳，你的心理状态也变得很糟糕等。当我们苦恼于无法顺利地解决问题的时候，通常是因为很多问题同时出现，让我们变得更加困惑。这些问题之间具有一些联系，但是又无法统一加以归类。或者说，它们就好像是被淘气的小猫抓烂的线团，所有的线都缠绕在一起，不知道该如何理顺。

要想解决问题，就要找到合适的方法，而最好的方法就是逐一解决。不要试图一蹴而就，那样不但对解决问题毫无帮助，还可能带来新的问题。每个人的能力都是有限的，要认识并接受这一点。如果盲目求多求快，那么在无法完成既定的目标时就会变得沮丧，甚至丧失信心并最终放弃。同时，很多问题同时出现在面前的时候，会使你产生混乱的感觉，无法厘清头绪。最后，要明白问题之间都存在着联系，当你解决了其中的一个，其他问题也会受到启发。

知道该怎样解决问题之后，就要确定解题顺序。在若干个问题中，一定存在一个核心问题，如果能够把它解决掉，其他问题也会迎刃而解。因此你的重点要放在找到核心问题上，找到了这个问题之后，就着手解决它。这个寻找的步骤十分重要，因为它关系到整个解题思路。如果首先解决的是次要问题，那么对其他问题没有任何帮助，你还是会感到非常苦恼。

那么该怎样分析问题呢？这就要借助七步思考法。这种思考法能够从七个不同的角度来观察问题并加以分析，按照实际情况判断哪个角度的问题更加重要。有时要考虑到所有的七个层面，有时只需要考虑其中的几个就够了。这七个因素分别是：为什么这样做？要做些什么？谁是你的合作伙伴？要何时开始？何时结束？怎样去做？做这些事都需要准备些什么？

这种思考问题的方法来自二战时期的美军部队。经过全世界各个领域的检验，证明它是一种行之有效的思考法。通过对自己提出的这些问题逐一进行考虑，有助于厘清思路，找到解决问题的最佳途径。在这个基础之上制订计划，就能成功地解决问题。这种方法适用于很多环境，无论是日常生活还是具体的工作，都可以采用其中的全部或部分角度来进行思考。当你进行完整的考虑时，会尽量避免遗漏。

应用这种思考的好处是，你能把问题加以分解，来分别对应这七个条件。如果其中的一个无法得到满意的答案，就说明要在这个角度加强思考。使用七步思考法，能够让问题变得更有条理，解决起来也更加便捷，效率能够得以提高。通过对问题的分解，能更直接地看到问题的核心在哪里，不必做无用的思考。这几个角度包括了思考中所有需要注意的事项，因此能让思考变得更加全面，做到算无遗策。当你在尝试解决一个大的问题时，实际上做的就是把它分成若干个小问题，再加以解决。

使用七步思考法分解问题之后，就能找到问题的核心和本质所在。接下来要做的是制订计划，并付诸实施，分别解决每个小问题，最终解决整个问题。在行动的过程中，要注意从这七个角度分别向前推进，对准一个核心要素，用不同的方式解决各个维度中遇到的问题。比如你可以先通过层层分解，找到问题发生的真正原因。根据问题的难度和你手上掌握的资源，来决定问题的解决方式和推进速度。如果只需要自己的力量就可以了，那么该怎样去做。如果自己无法独立解决，需要找到谁来帮忙，或者需要借助哪些资源，你要回答关于工作搭档和向谁汇报的问题，解决了这一点之后，就要明确接下来要做些什么，可能带来怎样的后果。解题的过程什么时候开始，是否有一个规定的日程，打算在什么时候结束。问题是在哪里发生的，而你要在哪里解决问题。最后，解决问题需要付出怎样的代价。其中包括你付出的人力成本和时间成本，还有资金和能源的投入，这些总共会花费多少钱，都是需要考虑的。

综上所述，能够从不同的角度来全面思考问题，才能找到解决问题的钥匙。给每个小问题找到解决的办法，并将这些答案汇总，就能够解决一个大问题。尽管外界的事物越来越复杂，我们遇到的问题也越来越困难，但是只要懂得分析问题的方法，并且按部就班地全面考虑，就总能找到合适的解题思路，最终成功地解决问题。

3 发现真正的原因

如果你想发现问题的真正原因，首先就要有强烈的好奇心，渴望得到答案。同时还需要有耐心，因为寻找原因的过程注定不是一帆风顺的。在试图解答问题时，你会发现自己的能力是有限的，因此要借助其他力量。可能要通过读书和学习来进一步丰富头脑中的知识，还可能要拜访一些前辈得到一些经验。这些都要花费时间和精力，因此需要具备开始时提到的那两种能力。一个想要发现问题本质的人，在追求的过程当中，都会克服各种困难，还要战胜自己，才能获得成功。

那么，要通过哪些途径才能找到问题的本质和真正的原因呢？首先要学会抽丝剥茧地问问题。这就好比你在拆一件心爱的礼物的包装，只有把外面的所有装饰都去除，封口都打开，包装都拆掉，才能够露出你想要的东西。举例来说，你会发现通常做那些重体力劳动的都是男性。为什么会出现这种情况呢？因为男性总是被说成比女性更加强壮，这固然有身体素质方面的原因，还有一个原因就是历史的沿袭。从过去到现在，更加需要体力的和更需要面对危险的工作都是由男性从事的。无论是远古时期的狩猎，还是后来的农耕，直到工业时期的工人，都是男性来担任主角的。

其次，要和一些具有社会属性的话题取得联系。很多问题不但与知识有关，更与整个社会的大环境有关，甚至可以上溯到人类的天性。上面提到的那个问题就有部分这样的原因。因此可以对问题加以剖析，尽量知道它的社会学原因。

要想对一个问题的本质有所了解，就要去除与问题本身无关的干扰因素，只保留最核心的问题。著名投资大师沃伦·巴菲特有一个一生的合伙人，他就是查理·芒格。芒格先生也十分善于投资，并且有自己的独到方法和见解。他习惯用双轨分析的方式来解决问题。这种方式首先关注的就是决定一件事情的关键是什么。这样能够从根本上看问题，从而找到最主要的利益诉求点在哪里。有人说，在格斗赛场上，胆子更大的人就更厉害。但是这里所说的胆子大指的是什么呢？因此要继续分析，格斗需要的胆大在于不怕对手的攻击，还要善于寻找对手的破绽并予以还击。因此要想锻炼格斗中的胆量，就不能通过走夜路的方式练习，而是要训练抗击打能力和坚强的意志。

我们在日常生活中遇到的很多问题，其实都只是表面上的问题，解决这些表面问题是没有意义的，因为真正的问题仍然存在。要找到真正的问题所在，就要克服旧有的思维习惯，破除理解的偏差。什么是理解偏差？不同的人对同一个问题的理解不同，这就会带来理解偏差。如果你想知道真正的问题是什么，就要提出自己的理解，并询问对方的意见。

还有的时候，你会和其他人在某些方面产生矛盾和冲突。这时你要做的不是急于去解决，而是搞清楚矛盾是如何产生的，对方需要的到底是什么。举例来说，你作为一个方案的执行方，负责完成甲方提出的要求。你认为你已经按照要求完成了工作任务，但是甲方认为不行。无论你怎样一遍遍地修改，甲方始终不认可。这时如果还是死板地按照工作需求去寻求解决的办法，那么十有八九还是会失败。这时你应该做的是找到甲方的负责人，了解他真正的诉求。可能他需要的并不是一个方案，而是通过修改方案带来的威信。当你了解了这些之后，就可以按照他的需求来想办法，保证他的诉求得以实现。这样一来，问题就圆满地解决了。

找到了偏差之后，是不是就可以真正解决问题了呢？这也需要根据具体情况来具体分析。因为不是每个问题都需要得出一个答案。是否要继续解决，要从两个角度来做出判断。首先要明确这个问题的重要性，其次要明确问题的解决难度。相对来说不那么重要又比较简单的问题，你可以选择亲自解决。但是如果要花费一定的时间和精力，你也可以选择让他人为你解决。还有些问题不是很重要，甚至无关紧要，但是解决起来颇费工夫，这时你就需要给自己制定一个时间表。在这个规定时间内如果能够解决，就放手去做；如果无法解决，还不如直接放弃，免得浪费时间。

还有一些非常占用精力但是又不得不解决的问题，那就是既非常重要，又很困难的问题。这样的问题通常要耗费巨大的精力，但是却不一定能够带来回报。把你有限的时间和精力投入到这种问题上，会让你感觉十分疲倦。时间长了，问题如果还是得不到解决，还会让你感到心灰意冷，甚至变得沮丧和焦虑。在这个时候，就要改变思维方式。不要一直使用理性的分析方式，而是要善于利用直觉。有些时候，直觉往往比理性更有作用。

最后，最重要的问题，就是那些本身就有很高的权重，同时还能够被解决的问题。当你解决了这些问题，会得到回报，体现出劳动价值。这里有一点需要注意，那就是不要一直思考，而是要付诸行动。你会因为问题的重要而付出更多努力去思考，但是思考的结果应该是行动，而不是停留在思考的阶段不再前进。例如，当你发现自己所在的行业发展前景不明朗时，就要结合自身的能力，考虑向其他行业发展。你不能只是空想，而是要主动出击，学习需要掌握的知识，分析行业形势，为转行做好积极的准备。

好了，现在我们来总结一下，怎样找到问题背后的真正原因？首先，要分辨出哪些问题是需要解决的，哪些问题是可以忽略的。其次，要想解决问题，就要对问题本身的重要程度和难易程度进行排序，决定解决问题的先后顺序。你要明白问题背后的诉求，找到真正需要解决的问题。找到真正的问题之后，你还要通过思考来指导行动。最后，正确的思考非常重要。要进行合理的思考，才能得到最终的正确答案。

4 合理地做出评价

在日常生活中，我们会遇到各种各样的问题，还会和不同类型的人打交道。解决问题不会一帆风顺，人际交往也可能出现问题。我们随时都会在心里对外界事物和人做出评价，这种评价往往是基于我们自身的标准的。比如，一对情侣之间发生了争吵，可能争吵的起因非常简单，只是因为男孩工作繁忙，不愿意陪女孩出去玩。两个人都觉得自己很有道理，男方认为自己本来压力就已经很大了，女友还要占用自己的精力，因此觉得对方不体贴。而站在女方的立场来看，她是想让男友出去散散心，缓解一下工作带来的压力，可是对方不但不领情，还要责怪自己。两边都有非常合理的理由，但是却都忽略了对方的感受，因此才会造成矛盾的激化。

生活中有很多这样的例子。当我们在排队等车的时候，如果有人插队，我们会本能地排斥，认为这个人不具备基本的礼貌和社会公德。驾车在路上行驶时，也会遇到其他车辆突然变道。这时我们除了会心生怒气之外，还会揶揄对方是个菜鸟驾驶员。当你去投票选举时，发现有人和包括你在内的大多数人不一致，你就会认为他是错误的、没有常识的人。这些评价看似都是有道理的，却有一个根本的错误，那就是完全站在自己的角度来思考，而没有考虑到对方是否有自己的理由。插队的人可能有十万火急的事需要处理，突然变道的人可能是要赶着送人去医院，而投票人各有自己的想法就更容易解释了，因为每个人的诉求都不一样，因此投票的对象都会有所不同。

但是你有没有考虑过，你为什么会这样评价他人呢？这是因为每个人考虑问题的角度都是不同的，因此对同一个问题的理解也会存在不同。当一个人做出了和你有显著区别的事时，你首先想到的通常不是这个人遇到了什么问题，而是会本能地认为他做得不对。就像前述几个例子中所说的那样，你不会意识到对方可能遇到了困难，只会觉得自己被冒犯了。但是当你成为别人眼中那个打破常规的人时，你反而会极度渴望他人的理解，希望他们能体会到你的困难之处。比如当你有急事想要插队时，你会觉得自己已经足够礼貌地征求了他人的意见并得到了同意，但是队伍末端距离你很远的人肯定不会这么想。他们会像之前遇到插队之人一样，对你进行攻击。这时你也会很生气，觉得对方不够宽容，却没有意识到问题的根源本来就在于自己的插队行为。

还有的时候，我们因为遇到了困难之后，小心地解决了问题，并且在接下来的时间里都尽量避免问题的发生。但是有些人没有经历过类似的问题，也就不具有相应的经验，当他们遇到同样的困难时，你可能不会记得你也曾有过类似的遭遇，反而会对他人加以嘲笑。这就是认识偏差带来的一系列问题。

从心理学的角度来看，这种认知偏差非常普遍。人们总是习惯于用个人的经历和个性来对别人的行为进行解释和判断，但是却不会留意对方的处境。前面提到的许多例子都证明了这一点，那就是虽然我们在对他人进行评价时，自认为非常有道理，但是不可否认的是，这种道理都是基于我们自身的考虑，而没有同时考虑到是否存在其他因素。因此，即便我们最终知道了他人所处的环境和我们有所不同，仍然会做出倾向于自己的判断。你会对你看到的做出本能的判断，而不会过多地经过思考得出结论。因为你的大脑认为要把有限的精力投入到其他更有价值的思考上去，因此对那些看起来无关紧要的人和事，就会做出完全主观的评价。

20世纪60年代末期，美国和古巴之间刚刚经历了牵动世界的导弹危机。在这个背景下，美国的两位心理学家设计了一个心理实验。他们招募了一些志愿者，告诉他们实验的目的是想要了解“是否能够通过对一个人的有限了解来准确判断他的性格”。志愿者们拿到了一些文章，这些文章都出自同一个学生之手，但是内容存在很大的差别。这些文章都与古巴领导人卡斯特罗有关，但是有些是支持卡斯特罗的，有些是反对卡斯特罗的。实验的设计者对志愿者们说，这些文章的出发点不同，立场也不同。有些文章出自作者的个人经历，有些出自写作课的作业，还有的出自政治考试的答卷。之后，这些志愿者开始阅读手中的文章，并且对作者的立场进行评价。

实验的结果十分有趣。当参与实验的志愿者们认为，文章的作者可以自由表达自己的立场时，那些支持卡斯特罗的作者会被认为是亲卡斯特罗一派的，是值得批判的。但是即便已经被告知，作者写作时的立场可能只是出于某些需要，而并不代表自己的立场时，志愿者们仍然会选择将他们归类为亲卡斯特罗的，并继续加以批判。志愿者们选择了忽略外部因素的影响，从自己的认识出发来做出判断，这样得到的结果必定是不准确的。

因此我们要注意，不要轻易地做出评价。在评价之前，除了要考虑自己的立场之外，还要站在对方的角度想一下。不应该仅仅根据一个动作或者行为，就给一个人做出决定性的评价。这样的结果不但不够准确，还会让我们对他人产生误解，甚至因此失去一个朋友。

无论是对外界的事物还是他人做出评价，都要求我们具备较高的水平。如果你本身的知识储备不够，就不要轻易地发表评价，否则就会贻笑大方。而那些不认真的评价也代表了没有经过思考，会让人质疑你的思考能力和逻辑性。所以我们要尊重他人，也要尊重自己。在审慎的情况下，通过合理的思考和判断，对人、对事合理地做出评价。

5 逆向思维

在这一节开始之前，我们先来看一个有趣的小例子。有一位妈妈和她的女儿在聊天，女儿说：妈妈每天过得真开心。妈妈问：为什么这样说呢？女儿回答：因为妈妈不需要做作业啊。妈妈笑着对女儿说：那么我帮你写作业，然后你来检查妈妈做得对不对，好不好？女儿非常高兴地答应了。这位妈妈很快就做完了作业，女儿在给她检查作业的时候，不但指出了她的错误，还给她进行了讲解。在这个过程中，女儿没有觉得累，反而感到十分开心，因此她不会注意到，为什么妈妈几乎把每道题都做错了。

我们都知道，随着社会的高速发展，儿童的学习压力也变得越来越大，因此他们都会对做作业有所抗拒，想要有更多游戏的时间。而这位母亲把做作业变成了一种游戏，不但扭转了孩子的抗拒心理，还让她变得乐于学习。这就引出了这一节中要讲到的思维方式，那就是逆向思维。

所谓逆向思维，就是把一些常见的思考顺序颠倒过来，从反方向来进行思考。人们为了达到某种目标，但是通过正向思考难以实现的时候，就会利用逆向思维来思考问题。运用这种方式，经常能够得到意料之外的良好效果，因此，如果你想解决一个复杂的问题，但是通过常规手段难以解决，不妨从其他方面尝试一下。

关于逆向思维，有一个十分经典的故事。有人问一个农夫，他最想知道的是什么，农夫回答：我最想知道我会死在什么地方，这样我就永远都不会去了。仔细想想会发现，这句谚语蕴含着深刻的道理。我们之前提到了巴菲特的合作人，美国著名投资大师查理·芒格先生。芒格先生就是应用逆向思维的大师，他曾经说过，他本人一生中都在研究的，就是那个农夫想要知道的问题。我们想要获得成功时，通常的做法是学习成功人士的经验；但芒格先生的做法却正好相反，他总是分析别人为什么会失败，总结出他们做错了哪些事，然后让自己避免陷入同样的困境。

曾经有人称赞他和巴菲特先生之间多年的友谊，然后问他，该如何像他一样找到一个足够优秀的事业伙伴。芒格先生回答道：你要先做到足够优秀，因为你要知道，和你一样优秀的人，一定不会找一个傻瓜做伙伴。这句话阐述了一个关键的事实，那就是我们本身是什么样的人，就会吸引相似的人，也会愿意和相似的人成为伙伴。而这个回答本身也体现出了芒格先生高超的逆向思维能力。

逆向思维在日常生活中会起到怎样的积极作用呢？首先，能够用逆向思维来解决一些相对复杂的问题。很多问题如果按部就班地加以思考，解决起来会非常困难。这时你如果能够采用逆向的思维方式，就可能突破思维的禁锢，找到更好的解决办法，达到意料之外的结果。用逆向思维来解决问题，通常会让人感到震惊和新奇。

逆向思维还能够让你避免从众，陷入思维的惯性中，从而找到一条属于自己的道路，取得意想不到的效果。有一个典型的例子就是如何为漏气的网球充气。我们知道很多球类都有专门的充气孔，比如篮球、足球和排球等。但是网球是一种全封闭的球体，没有充气孔，那么如果网球漏气了，该怎样充气呢？首先我们要思考的就是，网球为什么会漏气？漏气的原因是什么？通过分析，我们能够了解到，网球内部充满气体，因此压强比外界的压强要高很多。气体在强大的压力作用下，开始从网球表面的缝隙向外缓慢泄漏，最终造成网球内部气体不足，失去弹性。知道这个原理之后，就可以采用逆向思维的方式来思考：网球漏气是因为内部压强大于外部压强，那么只要让外部压强大于内部压强，空气就会向网球内部流动了。明白了原理之后，我们就可以想办法付诸实施。我们要找到一个可以密封的坚固容器，把网球放在里面，然后向容器内注入气体。当容器里的压强足够大时，空气就会进入网球，过上一会儿，网球就又恢复弹性了。这就是通过逆向思维解决问题的思维过程和解决方式。

逆向思维还能让你在诸多解决问题的途径中，找到最便捷的那一条。在18世纪的伦敦，有一天，一位车夫正赶着马车在路上行驶，车上拉着沉重的货物。当他走到一个上坡地带时，马因为刚吃完草料有些犯懒，因此无论车夫怎样抽打，它都不愿意往前再走一步了。车夫很生气，但是又无可奈何。这时他的同伴从附近经过，也牵了两匹马，他向同伴借了马，按照常规的思维方式应该用它们一起拉车，就会顺利通过这个上坡。但是这位车夫却没有选择这样的方式。他把另外两匹马的缰绳系在了自己的马的脖子上，然后驾驭两匹马向前走。这样一来，车夫自己的马不敢再犯懒，而是打起精神，一鼓作气把马车拉上了坡。这个车夫的选择既能脱困，又惩戒了自己的马，这样的逆向思维方式也是值得我们学习的。

通过上面这些案例，我们能够了解逆向思维的重要性。在大西洋中有一种鲑鱼，每年在产卵的时候都会洄游，逆流而上产卵，延续新的生命。我们也要像这些鲑鱼一样，通过逆向思维获得全新看待问题的方式，变成全新的自己。出发吧，做一条逆向游泳的鱼!

6 思维可以从内到外

我们在思考的时候，可以从一个起点开始，向很多方向扩散，可以由表及里，也可以从内到外。这样的思维方式是发散式的，让我们能够从不同角度来对同一个问题展开思考和联想。在思考的过程中，我们将会得出很多不同的答案，这些答案虽然未必都是正确的，但是可以为我们提供不同的模板和参考，能够激发大脑的创造力。如果能够多进行这样的思考，就可以从僵化呆板的思维模式中解脱出来，让我们的思想更加活跃。

这种发散性的思维会鼓励我们打破思想的枷锁，不要有任何负担，可以在充分理解问题的基础上随意加以联想，哪怕是提出一些看起来十分不寻常甚至奇怪的想法，也会被包容和接受。因此，这种思考的本质就是打破思维定式，启发我们采用全新的视角和思路，得到新的结论。这样的思考更加富有创造性，能够带来很多奇思妙想。

人类社会的发展进程中，出现了很多伟大的发明。这些发明不但改变了人们的生活方式，更将人类带入一个全新的发展阶段。一件事物之所以被称为发明，就是因为它和旧有的东西不一样。要实现这种差异，就要借助于发散思维。因此我们可以说，有成就的科学家和发明家，都十分善于利用发散思维。正是靠着这种打破常规的思维，才能创造出打破常规的新事物。

那么我们在日常生活中该怎样培养自己的发散思维能力呢？首先要做到的，就是打破旧有的思维习惯，让思维“自由飞翔”。面对一个问题的时候，不但要能从常规的角度来思考，还要试着变换角度，从所有可能的方面来考虑，得到尽可能多的答案。同时，发散思维不仅仅意味着天马行空。我们还要做到对自己的思维过程有所掌控，把多角度的思维加以总结，形成一种综合性的思维。在这个过程中，我们将能够从整体上理解问题，并找到关键的解题思路。

我们来举例说明，发散思维对解决现实问题能够起到怎样的作用。电冰箱是20世纪初由美国科学家发明的，因此在很长一段时间里，美国几乎垄断了家用电冰箱的生产和销售。但是，当电冰箱市场达到饱和之后，美国厂商迟迟拿不出升级的手段，因此电冰箱的发展几乎陷入停滞。在这种情况下，亟须一种让电冰箱重新焕发生机的解决方案。

美国冰箱制造商仍然在考虑家用层面的需求，日本人却另辟蹊径，着手进行冰箱的小型化改造，并最终取得了成功。因为这时虽然几乎每个家庭都有了电冰箱，但是在外出游玩或者野营的时候，仍然没有制冷设备。日本发明家发现了这个市场空白，于是推出了微型电冰箱，成功解决了人们的痛点，创造了新的发展机遇。

无论是家用冰箱还是微型冰箱，应用的科学原理都是相似的。但是日本人通过发散思维，找到了差异性的使用环境，并且把一个成熟的产品扩展到了家庭之外。这种改变不但引发了市场的变革，还创造了新的需求。从此之后，微型冰箱成为一个全新的品类，在冰箱市场占据了重要的位置。

从上面的例子中我们可以看到，只要转变思路，就能在一片看似不可能的红海中找到出路。但是我们要注意，使用发散性的思维，并不意味着无中生有，而是要用已知的条件加以改造和组合，得出新的结论。我们可以通过一个具体问题，来逐步分析发散性思维的过程。

假如现在对你提出一个要求，让你把一张纸条想办法贴在屋顶的天花板上，那么我们会顺理成章地想到，利用梯子或者其他能够登高的工具，让我们够到天花板，然后把纸条贴上去。但是这样的做法需要一个前提，那就是你要有一把梯子。如果没有梯子，又该怎么办呢？你会重新陷入思考，设法用其他方式来完成任务。

你可以一步步地来归纳，首先，梯子的作用是什么？是作为一个承载物，让我们达到更高的高度。那么是否只有梯子才能达到同样的功效呢？答案当然是否定的。你可以把桌子和椅子叠加起来，制造一个简便的梯子。进一步分析，既然我们会想到使用梯子，就说明我们要达到高处。我们刚才已经说过，达到高处显然不是只有一个办法。再接着发散地考虑，我们达到高处是为了什么呢？是为了粘贴纸条。也就是说，我们之前所做的一切，只是为了让纸条和天花板之间的距离变得更短。在这种情况下，我们就得出了一个方向，那就是无论怎样做，都要尽量使纸条升高。如果是这样的话，那么我们可以让自己站在更高的地方——也就是移动双脚，也可以使用手持的工具升高纸条——延长手臂。与前一种情况相比，后一种就是扩大思维范畴的结果。我们可以进一步设想，可不可以再用其他的办法呢？有人会想到，把纸条放在一个气球的顶端，当气球升到空中，就会把纸条带到高处并挤压在天花板上。

这就是一个典型的发散思维过程，可以分为几个步骤。首先要理解问题，确定想要解决的核心要素在哪里。要先问问自己，这个问题需要的答案是什么，我最终要取得怎样的结果。在明确了这一点之后，才能寻找解决问题的办法。

在明确了问题之后，就要开始分析，能够采用怎样的方法来解决问题。除了最常用的方法之外，是否存在其他的解决方式。在这个过程中，可以像上面的例子一样，问问自己，是不是有另一种途径能够达到目的。在想到一种可能的方法之后，要在头脑中加以验证，必要的时候还可以用简易的道具进行实验，看看这种方法能否满足需要。

接下来，在诸多可行的方式中选取一种最合适的来实施。至于哪种方案是最合适的，不但要从主观上加以判断，也要在实施的过程中加以修正。一种合适的处理方式不但要足够便捷，还要实用，并且具有可重复性。比如在上面的例子中，使用气球把纸条贴在天花板上固然是一种简便的方法，但是纸条可能粘贴得不够牢固，粘贴的位置也会因为气球的飘动产生误差。因此综合考虑，还是使用木棍或者其他能够延长手臂的工具来进行粘贴更为可行。

通过上面的举例和分析，我们可以看出，思维并不是单向的，而是可以由内到外地扩散出去。解决问题的思路也不是单一的，而是丰富多彩的。要敢于冲破原有的思维模式，在充分理解问题的基础上尽可能多地拓展思维的角度，用想象力来创造新的答案。如果你学会了多角度的思维，就能从简单的问题解答者，变为一个创造者。

7 让思考充满逻辑

我们总是说，逻辑思维是十分有必要的，但是想要锻炼逻辑思维需要花费我们很多精力。因此有人说，逻辑思维真的那么重要吗？它都能发挥怎样的作用呢？我们又该如何做到充满逻辑性地思考？关于这几个问题，我们将在这一节中加以说明。

首先，我们要回答逻辑思维能力具有怎样的作用。如果你的逻辑思维能力足够强大，那么在看待问题的时候就不只是可以看到事物的外在表现，还能透过表象直达问题的本质。这一点在当今社会中非常有用，因为你每天都会收到很多真假难辨的信息，而逻辑思维能力会让你轻易地判断出哪些信息是有用的，哪些信息可以直接被过滤掉。这样你就可以把全部精力都用在真正的问题上，而不是浪费在毫无意义的甄别和分辨上，让解决问题的成本变得更低。

其次，逻辑思维能够让你更加精准地描述问题，并且找到合理的答案。当有人和你持不同意见时，你可以用逻辑推理将你的理由充分地解释出来。这样一来，你不但会避免和他人发生争执，还会让人对你的答案更加理解。换言之，你也会更轻易地说服他人接受你的意见。

那么我们该如何提高自己的逻辑思维能力呢？我们要先给逻辑下一个相对通俗易懂的定义。当我们说起某人富有逻辑的时候，是想表达怎样的意思呢？经过对很多类似的人和事例加以分析之后就会发现，逻辑在很多时候指的是因果关系。可能在其他思维模式中会考虑另外的关系，但是逻辑思维只关注一种关系，那就是因果关系。可以用一个反例来证明这一点。如果一件事情含有很多明显的破绽，那就说明它的逻辑十分严谨。你或许会认为这是不可能发生的事，但是事实的确如此。这种破绽如果换一种更为科学的方式来表述，就是可证伪性。一件事的可证伪性越高，就说明逻辑越严谨。

下面用一个产品的营销计划，来说明一个标准的逻辑思维的过程是怎样的。首先要对市场上的类似产品进行调查，确定该产品具有怎样的优势。随后要确定的是对方究竟对这类产品具有多大的需求，这是尤为重要的一点。你的产品再好，如果没有足够的需求，也无法卖出。当这个产品的优势足够明显，对方的需求也足够大时，要证明这个产品比竞争品更会受到买家的青睐。最后你向对方提出结论：我们的产品更好，更值得你购买。

在这个足够严谨的推理过程中，存在诸多可以证伪的环节。比如说，这个产品真的具有优势吗？对方真的有足够的需求吗？如果产品的优势与竞争品相比并不大该怎么办？如果这些环节都可证伪，就说明对方没有强烈的要求来购买这个产品。

有一个非常成功的推销员，他专门售卖个人电脑，销售业绩常年都是全行业最顶尖的。有一次，他在一家公司就卖出了多达1500台电脑。在这个案例中，让他记忆犹新的一个环节是，他的产品报价并不是最低的，他的竞争对手报价比他足足低了100美金/台，但是最后采购方还是与他达成了交易。这是为什么呢？我们可能会简单地认为，价低者必然中标。但是实际上并不是这样的。

我们可以按照上面的逻辑链条来进行梳理，如果价格低能够成为一种优势，那么就该进行第二步的思考：对方是否有这种需求？或者说，对方的需求是什么？在这个案例中，这位金牌推销员的产品虽然价格稍高，但是他可以为买方提供融资渠道。换言之，对方不需要支付全额货款，就可以先行使用产品。正是这个条件打动了对方，也就是说，这才是对方真正需要的。他满足了对方的这种需要，于是拿下了这笔订单。我们由此可以看到，在任何一个环节上能够证伪，逻辑都会变得不成立了。

逻辑思维不只表现在解决问题方面，在语言表达方面也有所体现。我们形容一个人有逻辑性，意思就是他在表达时语句清晰，条理清楚。你会发现，牙牙学语的儿童在表达时总是含混不清，这是因为他们存储的知识不够，思维不具有连续性，不知道怎样把脑海中的几件事情合理地连在一起，因此上句和下句的意思可能相距万里。当你长大成人，接受了良好的教育，就能学会怎样把不同的信息组织在一起。这种组织的规则就是逻辑。当然，有的人逻辑性更好一些，这体现在对一件事情的表达更加清楚明白，让人一下子就能听懂他要表达的意思。

要做到逻辑清晰，首先要掌握正确的语法知识。虽然我们在日常的对话中每天都要使用语言，但是语言学实际上是非常深奥的学科。每句话的用词与句式结构都会根据表达内容的不同有所变化，还会受到使用环境的影响。因此，要按照正确的逻辑关系来表达，才能让人明白你想说的到底是什么。

因此，在表达的时候可以采用一种简单的逻辑关系，就是每段话都只说明一个简单的意思。让人尽量明白之后，再开始下一段，说明另外一个意思。如果你想表述一个问题，就要把这个问题分解成若干段，每段的意思都与其他的不一样，并且不重复。这样一来，你在表达的时候，听你说话的人就会感觉足够清晰。

无论是语言表达还是思考问题，逻辑思维都是十分重要的。它不仅让我们解决问题，还能够透过问题了解背后的本质，从而总结出有价值的规律。应用这些规律，我们就能够更加轻松地思考，更好地了解世界。

8 别让自己想得太累

思考本来是一件对我们有益的事，本书一直以来教大家的都是该怎样思考。但是和不懂得怎样思考一样，还存在一种与思考有关的不好的现象，那就是考虑的事情太多。有那么一些人，头脑一刻不停地转动，总是让自己陷入焦虑的状态，像是得病了一样。无论是多么简单的事，在他们这里都会变得无比复杂。一个毫不起眼的问题，都会被他们认为是天大的困难，并且因为感到难以解决而变得十分痛苦。即便一个问题已经被成功解决了，他们也会在解答的过程中发现某些挫折。所有人和事在他们眼里都是充满矛盾的，需要不停地分析。

对于这些思考过度的人来说，任何事情都不简单。明明是一个直白的意思，他们一定要加以曲解。这种病态的倾向使他们无法正常地完成一件事情或解决一个问题，要么效率低下，需要耗费很长时间；要么半途而废，根本无法完成。你可以自我反省一下，看看自己有没有类似的毛病。如果你也存在上面所说的这些情况，那么可能就会犯过度思考的错误。那么，怎样才能让思考保持在正常范围，而不至于造成过虑的情况呢？

有一天你正走在路上，看到路边有几个人在闲聊。你从他们身边路过，他们并没有注意到你。但是当你再次从这条路上走过，又遇到了同一群人，而这次他们其中的一个看了你一眼，你们的眼神接触时间非常短暂，甚至连一秒钟都不到。但是如果你平时会过度思考，这时就会想：他为什么会看我？其实，这种陌生人之间的短暂对视毫无意义。如果你非要把所有事情都安上一个原因，那么就会耗费太多的精力，而且往往得不到满意的答案。因此你要时刻告诉自己，并不是每件事都有意义，不需要自己硬去添加一些意义。

有时你在考虑一个问题的时候，一直在想整件事情的前因后果，迟迟不能开始。到最后，问题还是那个问题，你并没有能够解决它。用新的角度和思路考虑问题没错，但是如果对每个思路都抱有疑虑，以至于一直不停地在很多思路中来回变换，那么对解决问题毫无帮助。你应该做的是选择一个思路然后开始放手去做，不要害怕失败。比起犹豫不定来说，行动更加重要。

你应该明白，有些努力并不一定能带来回报。比如思考的方向错了，或者问题的条件发生了改变，那么就要从头开始。当你付出了很多的时候，或许会很难选择放手。你不甘心承认失败，所以会继续思考下去。这时候你应该提醒自己，在发现错误的时候及时止损是十分必要的。如果在错误的方向上越想越深，那么只会更加偏离正确的轨道。正确的做法是及时转变思路，把精力投入到新的思考上去。

可能你会对身边的所有信息都感兴趣，想要抓住身边的每个声音。朋友圈里有人提到了你，你想知道深层的原因。有人向你寻求帮助，你除了答应帮忙，还试图分析是什么造成了他的困难。朋友推荐了一家新开的餐馆里的一道招牌菜，你准备去试试。所有这些问题同时出现的时候，你会觉得不知道该怎样选择。这时不要想那么多，只管一步一步去做就行了。

小孩子在面对这个世界的时候，所有事情对他来说都是新鲜的，所以会不断地问为什么。但是有些成年人的内心也像个小孩子一样，对于所有事情都要想明白为什么。当然，在思考问题的时候确实需要深思熟虑，但是如果一直深入地追究却没有什么好处。因为有些事情只是它表面看起来的那样，没有深层次的原因。如果过度思考这些问题，就会让简单的事情变得复杂，得不偿失。

你想把每件事都做得尽量完美，你会十分努力，并且对自己这种尽善尽美的精神感到由衷的高兴。但是当你没有完成预想的目标，就会深刻地质疑自己。你不妨从积极的角度来看待这个问题，那就是你追求完美本身并没有错，但是不要吹毛求疵。要放松一些，对自己多包容一点。每件事情都难以一帆风顺，首先要接受可能的失败，才能在面对困难时不至于放弃。

当你和别人打交道的时候，会很期待他人给你积极的评价，对你的工作给予赞同或者中肯的意见。但是如果对方的回答很简练，你就会想很多，认为对方在敷衍，或者猜测他是否有别的意思。当你出现这种想法的时候，就会不断地窥探别人的内心。这种行为不但不会取得什么成果，还会让人有所察觉，进而对你产生负面印象。你需要做的是信任，不但信任他人对你的意见，还要信任自己的能力。

不是每个人都会读心术，所以如果你不说，没人知道你到底在想什么。但是有时候你会觉得别人会猜中你的心思，因此如果对方没有按你的心意行事，你就会不高兴，甚至发脾气。你要注意的是，如果想让别人清楚你的想法，最好的办法是明确地说出来。战斗机驾驶守则里有一个最关键的原则：永远不要认为别人已经看见你了。你要主动地接近或者规避，而不是等着别人来揣度你。

你如果在很多时候都是一个工作狂，一刻都不肯让头脑和身体休息，你会认识到这一点，知道自己可能会考虑太多，所以拼命用其他事情来分散自己的精力。无论做了多少事，你都觉得不够多。但是你要知道，自己并不是一台插上电源就永不停歇的机器。你需要的不是做很多事情，而是休息。当你的大脑获得了充分的休息，就不会一直那样紧张，也就不会思考过度了。

有时候你非常喜欢分析你身边的同事或者朋友，当然也包括你自己。你想知道人们做某些事情的深层原因，并试图总结出他们做事的规律。有时候你走在街上，会情不自禁地分析起陌生人来。比如你会想，他们要去哪里，要去做什么，他们在听的音乐是什么。如果有人在和别人打电话，你也想知道他们在聊些什么。这种行为是典型的思考过度。每个人在某个时刻都有自己要做的事情，不需要什么分析，也不会得到什么结果。这样的猜测除了让你头疼之外，不会带来任何好处。因此，你只管去自己的目的地就好了。

在面对复杂问题的时候，你会想出很多种解决办法。你不喜欢简单地解决问题，而总是想要进行深入的分析。这种想法在一些时候确实是好的，但是有时会让你的头脑陷入过分的复杂思考中无法自拔。要懂得适可而止，学会在适当的时候停止思考，接受一个答案。

思考过度这种事，总是时有发生。当你发现有上述这些症状的时候，要及时停止，让自己放松下来。不要让自己想得太多太累，我们的目的应当是解决问题，不需要总是做头脑风暴。头脑轻松一点，看待这个世界时也会更加充满阳光。

9 窄门通大道

每个人的思维方式都存在着差异，各有各的特点。因为思维方式不同，看待事物的角度也就会不同。因此，对于同一个问题，在不同人眼中会形成不同的理解，得到的答案也就不尽相同。在这一章第6节中我们提到了发散思维。运用这种思维方式，可以通过充分的联想来得到更多的发现。在发散思维的引导下，我们能用更加新颖的思路来思考问题，对事物的理解更加全面，并且会由一个事物推向其他事物。

这种奇妙的思维方式无疑是非常重要的，非常值得我们学习和使用。但是想要用好它也不是件容易的事，因为它会受到很多心理因素的影响。因此，要想熟练使用发散思维，就要对这些干扰因素有所了解，并且积极改进。

我们通常都有一种惯性思维，就是用已有的经验来看待新问题。很多时候，这个过程都是下意识地发生的，一个熟悉的答案会不由自主地出现。如果总是被原有的思维或者答案束缚，就无法让思维顺利地发散，就无法获得新的答案和解决问题的方法。那么该怎样突破限制呢？在拿到问题的第一时间，你就应该全情投入到新问题中，列出几种不同的思路和解法，有意识地让自己的思维更灵活。

人们在面对问题的时候，总是按照事先设定好的规则小心谨慎地行事，一点都不敢越界。虽然我们做事需要符合规则，但是也应该意识到，很多规则非常死板，不但没有益处，还会限制人们的思维。对于这样的规则要敢于打破，在条条框框之外做出新的思考。不要怕反常，相反，墨守成规才是错误的。

我们在逛街时都有这样的体会：双脚好像不听使唤，哪里人多就会走向哪里。这就是典型的从众心理。这时脑海中出现的想法是，大家都去的地方，准错不了，一定很有趣。但是如果你真的这样做了，往往会失望。曾经有个中学生走在放学路上，忽然觉得鼻子一热，用手擦了一下，发现自己流鼻血了。他赶忙在路边停下来，仰起头止血。在外人看来，他呈现出仰头看天的姿势。一个人从他身边经过，感到很好奇，于是也抬头看向空中。虽然什么都看不见，但是仍然努力想寻找到什么。陆续有人被吸引，加入仰望天空的行列，人数越来越多。到最后，整条街上的人都仰着头。这时中学生感觉鼻血止住了，于是把头放低，看到周围的人，吓了一跳。这时，第一个模仿他看天的人问他，刚才到底在看什么。中学生回答，是在止鼻血。这个例子听起来像一个笑话，但是充分说明了从众心理的害处。我们要克服这种心理，就要让自己变得不同。在大家都按部就班地思考时，要用发散思维和大众区分开来。

在解答问题的时候，我们当然都想得到正确答案，不想出错。但是“失败是成功之母”，错误是在所难免的，只有知道了错误所在，才能加以避免。有些人因为害怕犯错，所以做什么事都十分谨慎，不敢越雷池一步。而发散思维需要联想和想象，得出的结论通常是全新的，没有可供参考的答案，并且可能是错的。如此一来，有人就不敢使用发散思维。如果你也有这样的顾虑，就要锻炼自己的胆量。要能够勇敢地思考，才能获得更大的提升。

我们已经知道了哪些情况能够对发散思维形成阻碍，那么，在日常的生活和工作中，该怎样有意识地训练和培养发散思维的能力呢？头脑风暴是一种很好的方式。如果能够合理地应用这种方法，对于解决问题很有帮助。什么是头脑风暴？在创意工作领域，我们经常采用这种方法。一个团队的成员围坐在一起，对一个设定好的问题发表自己的见解。在这个过程中几乎不设任何限制，所有人都可以畅所欲言，各种奇思妙想互相碰撞，形成风暴一样的效果。使用头脑风暴来进行思考，往往能够得到十分新颖的观点和答案，并且因为是集思广益的成果，所以每个人实际付出的精力不是很多。

在头脑风暴的过程中，只要有想法就可以随时表达出来，没有什么“规矩”。这些想法都会被记下来，但是此时不会进行总结，所以你只管提出想法就好了。在头脑风暴的最后，才会对所有观点进行整理，从中选择一个或几个来执行。

有一个生产坚果的公司，想要提高核桃果仁的完整率，于是在生产团队中进行了一次头脑风暴，讨论怎样给核桃剥壳才能减少果仁的破损率，使之尽量保持完整。因为是头脑风暴，所以大家纷纷提出了各种想法，但是都没法应用。比如有人提出，由公司自己培育一种新型核桃，让它在果实成熟的时候自己裂开，这样就能取出完整的果仁了。这个想法一经提出，便惹来了一片笑声。但是有人在此基础上进行发散思维，想到了一个好办法。要想让果实裂开，如果不能靠它自己，那么可以反其道而行之，在果壳上钻一个孔，然后向内注入压缩空气。在压力之下，果壳会膨胀破裂，而果仁则不会损坏。

通过头脑风暴，不但可以锻炼发散思维的能力，还能培养团队意识和合作精神。打个比方，如果你手里有一个东西，我这里也有一个东西，我们彼此交换之后，各自手中仍然只有一个东西。但是思想就不同了，如果我们互相交流想法，那么每个人就都有很多想法。这些想法互相碰撞和激励，就会带来更多想法。

现在我们来总结一下，发散思维有几种形式。所谓发散思维，首先需要一个原点，从这个原点向外辐射。根据辐射的性质，我们可以把发散思维分为几种。首先是利用事物本身的材质来进行发散。这种材质具备怎样的特点，能够如何进行加工，都可以进行发散。其次是功能性的发散。每种事物的功能都是不同的，同一个事物也可以有很多种用途。应用发散思维，能够在旧事物身上找到新用途。还可以把不同事物加以组合，看看是否能够形成一种全新的事物，有时看似毫不相干的几个东西放在一起，却可以变成出乎意料的新发明。

当我们在训练自己的发散思维能力时，首先就要按上面所说的这些类型找到对应的发散源，然后在此基础上进行扩展。例如在设计座椅时，通常会考虑坐姿、舒适度和坐垫的耐久度等，但是这些方面的思考每个人都在做。这时你可以用组合式的出发点来进行发散，把座椅和其他东西结合起来，例如椅子加咖啡杯架或者椅子加台灯，等等。通过这样的发散思维，能够带来很多全新的创意，让你设计的产品独树一帜。如果说常规的思考是一扇窄门，那么通过发散思维，你将通往宽阔的创意之路。

Chapter 4

突破思考的陷阱与障碍

1 改变思维习惯

我们在思考的时候，总是会习惯性地跟随已有的经验。用这样的惯性思维虽然也能解决问题，但是无法突破条条框框。因此，如果新问题突然出现，就会感到非常困难，一时难以解决。这个时候，就要改变思路，离开自己的舒适区，找到新的思维模式。如果能够做出改变，就会发现眼前不再是走不通的死胡同，而是会豁然开朗，达到一个新的高度。

那么，我们的思维习惯是如何形成的呢？为什么如此顽固呢？这要从我们的成长环境说起。我们成长的过程是个学习的过程，不但要学习知识，还要学习各种规则。这些规则固然能够让人在社会中更好地生活和成长，但是不可否认的是有些规则已经过时了，不符合现实的情况。但是人们从小接受的就是这样的教育，因此容易形成惯性思维，在面对特定问题的时候，本能地用特定方式去思考和解决。

思维的惯性一旦形成，创造力就会减退，甚至消失。当今社会的进步速度是如此之快，我们如果还沉浸在旧的思维模式中，跟不上时代的节奏，就会落后，失去很多宝贵的机会。想要抓住机遇，得到更好的发展，就必须从思维层面开始转变。原有的思维习惯应当被抛弃，取而代之的是随时学习，随时应对改变。

现在我们来回忆一下，习惯是如何养成的。要形成一种习惯，通常要分三个阶段。第一个阶段，在面对某种事物时，大脑做出了一个判断，决定该如何处理。第二个阶段，这种处理方式逐渐变得频繁，无论是思考还是行动，都会按照这个模式进行。第三个阶段，在问题被顺利解决之后，你大脑中的奖赏机制就会默认这个模式是优先处理问题的方式，这样一来，一个习惯就形成了。经过这三个阶段之后，这个习惯就会自动引导你的行为。

与习惯相对的，就是改变。如果你已经习惯了用一种固定的方式思考问题，那么久而久之，这种习惯就会成为你的舒适区。虽然用它来解题越来越困难，但你仍然不愿意改变。因为改变之后的事情是未知的，会让你感到害怕。但是拒绝改变本身才是危险的，会让你变得落后而不自知。你在这种落后的习惯中会拼命寻找和你相似的人和相似的东西，因为你不肯面对变化。如果任由这种情况发展下去，那么当有些人和事有一天因为不可抗拒的力量突然改变，你就会陷入崩溃的边缘，恐惧会把你瞬间包围。这样的人都有一种共性，就是抵制改变。他们会尽自己所能地维持原状，对所有新事物都加以排斥。这样的做法，会让他们离生活越来越远。

我们必须承认，生活中总是充满不可知的挑战。但是我们的思想不应该由恐惧支配，而是应该直面挑战。人类社会之所以能够发展到今天，就是因为我们的祖先没有畏惧挑战，选择了做出改变。面对挑战时，人们会本能地感到紧张，这种紧张是天生的，是为了应对挑战和危险的，所以并不可怕。如果你退缩了，则会产生恐惧。而恐惧一旦产生，离失败就不远了。但是如果你能够改变思维，就会找到新的出路，甚至取得意料之外的成功。

曾经有一个村子，受到气候和环境的影响，十分干旱。村子离最近的水源地也有几公里远。为了解决村民的用水问题，大家联合起来招募送水工，他们将负责整个村子的供水任务。很快就有两个人和村民签订了合同，他们可以用自己认为合适的方式来给村民送水。

第一个签订合同的人名叫杰克，他买了一辆水罐车，每天往返于村子和水源地之间，一刻不停地运水。这样运上一整天，才能把蓄水池填满，但是一池水用不了两天，又要重新去运水。这样的方式十分辛苦，杰克一刻都不得清闲。有一天他开车的时候打了个盹，水车差点翻下路边的深沟，幸亏他反应及时，才捡回了一条命。

另一个签了供水合同的人叫迈克尔，他原本也打算像杰克一样开车送水，但是发现这种方式的效率太低，而且伴随着危险。于是他一直待在家里想办法，足足想了半年的时间。这半年里，杰克一人包揽了所有送水的收入，还嘲笑迈克尔胆子太小。半年之后，迈克尔从家里出来，离开了村子。没过几天，他就带着一个施工队回来了。原来他用这半年的时间想出了一个计划，并找到了愿意给他投资的公司。他在水源地和村子之间修了一条输水管道，并且从送达的每桶水中抽成。这样一来，虽然他从单独一桶水里赚得不多，但是因为送水量的增加，村里的居民用水也更多了。他的收入不但比用水车送水高得多，而且不必冒着危险开水车。而杰克只开心地赚了半年钱，就再也笑不出来了。当合同到期之后，他就失业了。

通过这个例子我们可以看到，固守传统虽然可以解决问题，但是在新思想的冲击下最终会被淘汰。但是要改变思维习惯，进行创造性的思维，是需要勇气的。如果你使用的是一种没有被应用的方法，就要面临风险。有些人惧怕风险，但是有些人有勇气承担这种风险，不怕失败，他就有可能找到一条更新更好的路。我们应该有必要的冒险精神，积极地做出改变。当你勇敢地走出去，会发现世界比你想象的要更加广阔。

在纽约的华尔街，一家新成立的银行即将开业。在银行林立的华尔街上，要想迅速提高知名度，是一件很困难的事情。通常来说，人们都会选择在电台和电视中做广告来宣传，或者请一些名人来为银行站台。但是这家银行没有采用传统的方式，银行的管理层认为，要想让人马上意识到自己的存在，就要使用差异化的宣传手段，吸引人们的关注。

最后，他们仍然选择了在电台进行宣传，但是宣传的内容和以往的任何广告都不同。他们买断了纽约所有电台黄金时段的10秒钟时间，但是在这10秒中保持沉默。广告开始之前，会有人宣布，现在请享用本银行为您提供的沉默时间。接下来的10秒钟里，纽约所有的广播都变得一片寂静。这种无声胜有声迅速引起了人们的兴趣，他们都开始讨论这个广告。一时间，整个纽约都知道了这家银行。

这家银行的聪明之处在于，它打破了人们心中对广告的定义。在其他广告都声嘶力竭地吹嘘自己的产品有多好的时候，他们采用了全新的思路。事实上，这种沉默比任何声音都更有力量，让人更加感兴趣。这种大胆的创新，起到了出奇制胜的效果。

我们要敢于改变思维习惯，但是要注意，不能盲目地改变。有些人认为只要和过去不同就好了，实际上这是错误的。在面对一个问题的时候，首先要做的是思考。这种思考应该是全新的，无论你之前是否遇到过这个问题，都要把它当成一个新问题。从整体上对问题有所把握之后，再去想办法解决。当你对问题有了足够的了解，就更可能想到新的途径。人们看待问题的方式不同，所以你不但要自己努力改变，还要善于学习，让你的思维在改变中不断进步，不断提高。

2　不妨反向而行

我们总是习惯用常规的思路和步骤解决问题，这就是正向的思考。正向的思考虽然是传统的，但是这种思维模式十分成熟，我们通过正向思考就可以解决很多问题。但是也有很多问题是不能用常规的方法解决的，如果用正向思维来考虑，不但十分费时费力，最后得到的结果也常常难以令人满意。为了解决这些难题，我们就需要采用其他的思考方式，反向思考法就是其中十分优秀的一种。

二十世纪初，人们在除尘的时候还在使用鼓风机，通过把灰尘吹到一个收集器里来达到除尘的效果。英国工程师布斯在看过一次吹风式除尘机演示之后，认为这种机器的效率很低，效果很差，很多灰尘没有进入收集器里。他想要改进这种除尘机，在经过反向思考之后他决定改变风向，如果向外吹风无法有效除尘，那么向内吸入是否会提高效率呢？他做了一个简单的实验，把一块白布蒙在一个圆筒的一端，在另一端用嘴吸气，吸了没多久，白布上就吸附了很多灰尘。于是他设计出了一种新型的除尘机，用电机吸入空气，并由内置的布袋来过滤灰尘。真空式吸尘器就这样诞生了。

什么是反向思考法？通过这个例子我们可以知道，那就是与常规的思考相反，从反向的角度得出结论。如果要获得成功，很多人想的是该怎样做才能一步步接近成功；而如果使用反向思考法，想的就会是该如何避免失败。两种思维方式考虑的问题是不同的，侧重点也有所区别。你如果想要避免失败，就要认真思考应该怎样躲开那些可能让你深陷其中的“雷区”。你还应该总结前人失败的教训，分析他们犯过的错误，从而少走些弯路。当你做到这些之后，真正的成功就离你不远了。

我们都知道，沃伦·巴菲特先生是一位投资大师，人们用“股神”来称呼他。不得不说这个词实在是十分贴切，实至名归。2008年，金融危机在美国爆发并向全世界蔓延，在所有人都在紧张地抛售股票时，巴菲特却在报纸上发表署名文章，告诉所有人他正在买入股票。受到这个消息的刺激，投资者的信心大增。那么，巴菲特为什么这么做呢？要知道这个时候人人自危，巴菲特自己的公司市值也大幅下跌。他不但没有畏惧，还几乎动用了手上能动用的全部资金来买入。巴菲特最终取得了成功，靠的就是反向思维的方式。

首先，股票市场上同时存在两种角色，那就是买方和卖方。这两种角色是对立的，一方买入的时候，另一方卖出。但是他们又是相互依存的关系，买卖双方必须同时存在，交易才可能发生。同时，买方和卖方不是固定的，而是可以相互转化的。很多股票投资者非常乐意看到股票上涨，同时恐惧股票下跌。但是在巴菲特看来，投资者应该反向思考，因为如果你想长期投资的话，那么买入的股票总是比卖出的多，这样一来，你就是一个净买入者。从这个角度思考，那么股市上涨对你反而是不利的，只有股市在低位震荡的时候，才会让你获得更好的回报。但是人们通常都不会这么想，而是被虚假的表面现象蒙蔽了。他们看到上涨行情就会欢呼雀跃，却没有想过买入成本将会变得更高。这就好比你的车里加满了油，于是对油价上涨喜闻乐见——你并未考虑油用完之后的情形。

还有很多股票持有者并不是为了投资，而是抱着投机的心态，赚一笔就走。因此他们总是喜欢跟随那些拥有大笔资金的庄家投资。这些投机行为体现在，牛市时大量买入，股价越是上涨，买入者就越多，逢高必买。当股市呈现熊市时，又大量杀跌卖出。但是巴菲特从不会这样做，他做的事情和投机者——或者说大多数投资者——正好相反，会在股市低迷时买入，而在牛市的看涨行情中卖出。他的投资原则是，在别人贪婪时恐惧，在别人恐惧时贪婪。因为他明白一个道理，那就是每种行情都不会一直持续，如果每个人都在卖出股票，那么到了某个时刻，一定会有人开始买入，股市就会开始上涨，反之亦然。如果能够把握这个规律，在其他人恐惧时买入，在其他人贪婪时卖出，就会获得丰厚的回报。巴菲特有一句至理名言：当你听到知更鸟报春的时候，春天早就结束了。

通过巴菲特的投资故事，我们能够发现，反向思考能够带给人实实在在的利益。那么在平时的生活和工作中，该怎样应用反向思考呢？我们可以用一个例子来说明。你是否有这样的感觉：每天工作都很忙碌，但是工作好像永远都干不完，总是有很多工作在前面等着你。如果你如此认为，那么就说明你的思维方式过于陈旧，导致工作效率降低。有时你甚至需要在节假日继续工作，还会对自己说：我不能休息，如果今天休息了，今天的工作就要留到明天，所以结论是不能休息。长此以往，你就会自我否定，认为自己是不配休息的。这样恶性循环下去，将让你越来越不堪重负，甚至产生焦虑。

如果你遇到了这样的问题，那么你该做的不是继续拼命工作，而是用反向思考来指导自己，给自己放个假。你可以严肃地考虑一下，让自己放假一星期甚至是一个月，会有怎样的结果。首先你肯定会想到，自己不在的时候，手里的工作该怎么办？如果没有及时完成，就会对公司造成影响。你还会想到上司和同事的评价，会想到他们在背后议论自己“就知道玩”。当你有了这些顾虑之后，就会在挣扎一番之后选择放弃，要么继续工作，要么只是请一两天的短假，还要时刻提心吊胆地担心公司有急事叫你回去加班。

如果采用反向思考，你可以问问自己，是否能够完全彻底地放松，同时还不会给别人造成不好的影响。如果你认真地思考，就会发现，其实是存在这种可能的，那就是把工作提前完成。如果你想休假一星期，那就提前做完一星期的工作，以此类推，如果你想休息一个月，就提前做完一个月的工作。要通过这种方式让自己和他人知道，你的工作已经全部完成了。

进一步地想，该怎样实现这种结果呢？这就迫使你打破常规，提高效率。过去你之所以觉得工作总是做不完，就是因为思考方式陈旧，造成效率低下，工作越积越多。还有的时候你为了让自己看起来总是在勤奋工作，所以把一天能够完成的工作拖到两天做完。如果是这样，那么完全可以通过改变工作方式来提高效率。

休假结束之后，除了因为休假恢复了精力，还会产生一种“我已经休息了这么久，要好好工作了”的感觉。在这种感觉的支配下，你工作起来会加倍努力，效率也会大大提高。这样将会形成良性循环，你的工作完成得又好又快，能够休息的时间也越来越多。

要想改变守旧的生活状态，就要学着看到事物的另一面，用反向的方式来思考并指导自己的工作和生活。如果你能做到这一点，世界将会变得完全不同。当你觉得一条路无法走通，那不妨试试反向而行。一旦你学会了反向思考，就会发现自己具有的能量可能连你自己都无法想象。现在，让它们尽情地喷涌而出吧！

3 在弯道实现超车

如果你学习过驾驶，懂得交通规则，就一定会知道，在日常道路行驶中，是不允许在弯道超车的。因为车辆在弯道中行驶时有盲区，而且路况相对复杂，不准超车是出于安全考虑。但是在赛车场上就不一样了，赛车运动本身就追求速度和刺激，因此在弯道超车不但是被允许的，还是比赛的最大看点之一。例如在速度最快的F1赛场上，每个弯道的拼斗都会让人赏心悦目。弯道超车有很大的难度，因此需要十分高超的驾驶技术。如果想要在比赛中取得靠前的名次，就一定要学会在弯道超车。

尽管弯道超车十分困难，但是一旦成功，就会带来优势。因此它也成为一个具有特殊含义的词，人们通常用它来形容在面对巨大的困难和挑战时，敢于面对风险，迎难而上，最终实现超越。在这里，“弯道”指的就是一些足以对生活造成巨大影响的关键节点。这个时候，如果能够战胜困难，就会迎来人生的转机。

珍妮丝去年刚刚大学毕业，应聘到一家大公司，从最基础的文员做起。因为这是家大型跨国公司，因此珍妮丝起初感到十分高兴和自豪。但是没过多久，她就发现每天的工作十分枯燥。这样的大公司每天要做很多文字工作，收发很多邮件。为了使工作变得更加简洁，公司设计了一个模板，只需要在这个模板上按照固定的格式填好内容就可以了。珍妮丝刚入职的时候还抱有一丝新鲜感，但是很快就感到非常无聊。她非常想辞职，但是又很珍惜这个能够在大企业工作的机会。她感到十分苦恼，于是去向大学里的导师求助。导师告诉她，无论是什么工作，哪怕是你最感兴趣的工作，都会在一段时间之后感到厌倦。如果问题出现了，靠逃避是无法解决的。你应该做的是找到真正的问题，然后解决它。一旦你开始正视问题，它就不再是前进路上的阻碍，相反还可能成为你提升的助力。

几个月后，珍妮丝又找到了导师。这时她看起来精力充沛、斗志昂扬。她对导师表示了感谢，因为她听了导师的话之后找到了自己的问题所在。原来，她之所以认为工作十分单调无聊，都是由于在撰写邮件和文字材料的时候要使用公司统一制作的模板。每天都面对同样的模板，使用统一的格式和措辞，让她感觉乏味。找到了原因之后，她开始想办法解决这个问题。

在最近的几个月里，她虽然仍然使用带有公司标志的模板来工作，但是不再用那些被“推荐使用”的措辞和格式了。对不同的客户和不同的部门，她会使用不同的风格。她把每一封邮件都当成一次写作的过程，投入真诚的感情。这样的改变让她喜欢上了这份工作，她发现一封短短的邮件中也包含很大的学问。因为每个人都有自己的个性，因此她也会根据对方的特点写邮件，或者风趣幽默，或者严肃认真。后来，她不但熟悉了对方的语气，甚至还能通过信纸的样式来猜测对方的心情。

通过这些邮件，她和很多客户都成了好朋友，除了工作之外，还会经常写信互通感情。她不但在工作时更加快乐，还因为和客户的良好关系而获得了晋升，有很多大客户都指名要通过她开展业务。

珍妮丝的经历，相信不是个案，很多人或许都曾遇到过类似的问题。但是区别在于，她能发现困扰自己的真正问题，并且加以改正，最后战胜困难，实现超越。很多人无法做到这一点，而是只知道抱怨。如果你的上司最近总是批评你，你不会认为是自己的工作出了问题，而是觉得他是在针对你。你的同事和你做的工作差不多，但是他升了职，你却还在原地踏步。你对别人发牢骚，说这个同事一定有某种背景，而不是靠自己的能力升职的。这时你又遇到一个挑剔的客户，对你的方案百般刁难，让你非常烦躁。这时候，你会感觉到没有希望，逐渐对工作不再抱有热情。

但是事情可能和你想象的不一样。如果你能够停止抱怨，鼓足勇气面对这些问题，就会得出不同的答案。你的上司虽然总是批评你，但是当你调整好心态仔细分析，就会发现他说的确实很有道理。按照他说的加以改正，你的工作效率果然提高了。获得升职的同事没有任何背景，只是能力过人。你们虽然做的工作看起来一样，但是他总是比你完成得又快又好。你要把他当作榜样，把工作做得更好。那个难缠的客户最终对你很满意，你经过这次锻炼，日后面对其他客户变得更有信心了。之所以会出现这样积极的结果，都是因为你直面问题并加以改正，在弯道上对过去的自己实现了超车。

还有的时候，我们面临的环境十分复杂，这就要求我们在混乱中找到一条最适合自己的出路，并且敢于迈出改变现状的第一步。有时候，复杂的局势不但能带来混乱，同样能带来机会。如果你能敏感地发现机会，那么环境对你来说将不再造成困扰。总有人抱怨，工作条件太差，或者发展空间不大，最后归结成一句：现在的环境太差了。那么是不是所有人都这样认为呢？显然不是，即便是在你口中最困难的时期，仍然有人取得了成功。那些成功的人不会停留在抱怨的层面，而是努力寻找机会。一个好机会是转瞬即逝的，只有把握住了机会，才能突破恶劣的环境，到达更高的境界。

当你面临的问题很多时，如果仍然执着于解决问题，那么你就需要进行大量复杂的思考，时间长了，头脑会不堪重负。这时，你可以试着把问题都抛弃掉，让一切归零，从最基本的形态开始思考。当你释放了压力，让思考变得轻松，解决问题的办法有时会自动浮现出来。同时，与解决问题相比，你会发现改变现状的机会更加重要。要保持视野的开阔，学会在复杂的形势下找到机会。面临的困难越是复杂和严重，可能背后隐藏的机会越大。

现在我们明白，无论是想改变工作和生活的状态，还是在恶劣环境中实现突破，都要正视问题，找到新的思路和角度。生活中总会遇到很多困难，这些困难就像赛道中一个个弯角，想要冲到前面，就要在弯道中实现超车。我们所处的世界正面临前所未有的挑战，同样也意味着有无数前所未有的机遇。你要成为一个能够发现机遇并勇敢改变的人，成为一个善于在人生弯道上超车的赛车手。

4 换位思考很重要

如今，我们做任何事都讲求协作，都要和其他人打交道。因此不能靠个人的单打独斗，而是要学会换位思考。那么，什么是换位思考呢？换位思考指的是让自己站在对方的立场上，从对方的角度来思考问题。这种方式能够让你更加理解对方，使人际关系变得更加和谐。通过换位思考，你能够与对方感同身受，明白对方做出某种决定时到底出于何种原因。这不仅能让彼此之间少一些误解和偏见，还能够弥合分歧。人与人之间如果不能互相理解，就很容易发生冲突，这时就需要用换位思考来化解。

一位美国心理学家曾经做过一个有趣的心理实验，来帮助人们理解换位思考的重要性。他设计了一个小游戏，请一些志愿者来参与。志愿者们被分为两组，其中的一组根据听到的音乐敲击出节奏，另一组根据节奏猜他听到的究竟是什么歌曲。这些歌曲都是大众耳熟能详的经典作品，例如美国国歌《星光灿烂的旗帜》以及生日快乐歌等。两组志愿者两两相对坐在桌子前，一个人看着歌单想象出音乐的旋律然后敲击，另一个来猜。

游戏开始之前，心理学家让负责敲击的志愿者们预估成功猜中的概率。他们普遍表示非常乐观，认为对方至少会猜对一半。但是等到游戏开始之后，所有人都傻眼了，因为实际的成功率非常低，甚至把同一首歌重复敲击好几次，对方都猜不出答案。到游戏结束时统计，成功率只有惊人的3%。这让负责敲击的人非常困惑，因为这些歌曲在他们看来都是经典曲目，节奏都应该烂熟于心才对，为什么对方却猜不出来呢？更有甚者，竟然连国歌的节奏都猜不到。敲击的人感到十分不可思议，觉得对方是不是对节奏不敏感或者干脆是听力有问题。

这时，心理学家宣布两组志愿者互换位置，原先负责猜歌曲的人，现在负责敲击，而原先负责敲击的人来猜。后者信心满满，认为自己一定会比对方强，但是结果是一样的，他们猜中的概率仍然低得惊人。通过交换位置，他们才明白通过节奏猜歌曲并不简单，而是非常困难的一件事。当他们敲击的时候，音乐仿佛在他们耳边响起，所以他们认为敲出的就是音乐。直到轮到他们来猜的时候，他们才发现，原来在不看歌单的情况下，他们听到的只是一串单调的敲击声，毫无旋律可言，猜不出来也就不奇怪了。这样一来，通过交换位置，他们才理解了对方。通过这个心理实验我们能明白，要理解另一个人的心理真是不容易，所以要学会交换位置，站在对方的角度来理解对方。

学会换位思考，不但能加深不同人之间的理解，还能解决很多在常规条件下很难解决的问题。有时候因为惯性思维的束缚，人们很难突破局限，但是使用换位思考，就能摆脱这些限制，得到意料之外的收获。

20世纪70年代，以色列和埃及之间进行了一系列谈判，以确保双方不再进行军事对峙，恢复和平。但是当谈判进行到关于西奈半岛的归属权问题时，双方僵持不下，谈判眼看就要破裂了。美国作为中间人，在双方之间进行斡旋，但是毫无成效。以色列拒不从西奈半岛撤军，而埃及强烈要求归还半岛的全部领土。美国试图提出一个妥协的方案，但是无论怎么划分领土，双方都不同意。

美国派出了大量军事专家和谈判专家来分析双方的心理诉求，最后终于发现了症结所在。原来，以色列之所以不愿意撤军，是因为担心埃及对自己造成军事威胁，因此要保持反制力量；而埃及的诉求在于实现领土完整，因此毫不让步。在了解了双方的底线之后，美国人开始进行有针对性的调停，最后的结果皆大欢喜。双方达成共识，埃及得到了西奈半岛的全部领土，而作为交换，埃及保证在西奈半岛上实现非军事化，这样一来，以色列也得到了边界的安全保障。这次谈判成为世界外交史上的经典案例，对阿拉伯地区的和平稳定起到了很大的促进作用。正是通过换位思考，才带来了这样的好结果。

我们已经明白了换位思考的重要性，那么在日常生活中应该怎样应用呢？我们的主旨是实现轻松的思考，让思考成为生活的一部分。所以无须经常提醒自己，在什么时候要进行怎样的思考才是正确的，这样会让大脑变得紧张，反而会导致出错。如果你在和某人打交道时出现了问题，首先要弄清楚问题的根本所在，而不是急于发表结论。造成这个问题通常不是你们中间单独某一方的问题，而是和双方都有关系。所以你们要做的是交流，找到症结所在。在表述的过程中，不要带着自己的情绪，而是要客观中立地叙述。

如果你对解决问题有自己的建议，那么应该表达出这样做会为双方带来怎样的好处，而不是开口就说：这件事得这样做。你要站在对方的角度来思考，考虑怎样能让对方获益，同时满足自己的需要。如果解决一个问题之后只对你自己有益，对对方毫无帮助，那么他是不会和你协作解决问题的。合作的目的是共赢，即便是同在一个团队中，也要首先考虑到其他人。当每个人都这么想并且按照这个原则行动时，就会实现团队利益的最大化。

还要注意一个问题，那就是当有人关于某事咨询你的意见时，不要单纯地回答问题，而是要考虑到这件事会对双方造成哪些影响。比如对方问，这个合作项目要怎样推进，你的意见是什么，你就要想到，这次合作是双方共同推进的，所以对方想得到的答案并非是你的个人意见，而是你对怎样能更好地合作做出的思考。如果你能够站在对方的角度考虑到这些问题，就会从团队整体层面考虑，在实现对方的期望值基础上共同解决问题。在这个过程中要尊重对方，平等地交流。

如果你总是为对方着想，那么对方也会更在意你的意见。如果你只是根据自己的得失和好恶来提出意见，或者对一个问题做出判断，那么其他人就会很难接受。你只有站在对方的立场上时，才能懂得对方做判断的依据。你把对方的意见和自己的想法进行综合考虑之后，会得出一个对双方都最有利的方案。这样一来，对方也会认可。在每次交流和互相提出意见的时候，都应该有一个换位思考的过程，这种过程多次重复之后，得出的意见会更加符合所有人的需要，也会更容易被人接受。

换位思考是需要不断地练习和实践的，没有什么速成的办法。如果涉及合作，就要让自己在思考问题的时候首先考虑对方。应该随时总结双方交流的内容，分析对方的心理和真正的需求。当你们下次再进行交流的时候，就能更好地理解对方的意思，并且做出合适的回应。当你能自然而然地换位思考，就更善于和他人合作，从而能够解决更加复杂的问题。

5 避免落入思维陷阱

我们遇到的每个问题都不是孤立存在的，而是和其他问题有所关联，需要尽力分辨才能发现这些隐藏着的联系，这并不容易。因此人们总是以为自己看到的就是事实的全部，而实际上并不是这样。每个人成长中受到的教育和接触的环境不同，对于一件事的认知也存在不同。当你形成了一种思维习惯，就很难打破。几乎每个人都有一些错误的认识和思维，人们不但很难意识到这些错误，相反还会认为它们非常正确，并且用它们来指导自己的生活。这些错误的思维就好像一个个陷阱，让人们深陷其中，无法自拔。

有很多时候你会逃避问题，尤其是遇到的问题比较复杂或者困难的时候，你会在问题面前退缩。因为你无法面对问题，所以也就迟迟不能解决。这时的你不明白，逃避不是一种解决办法，你可以逃避一时，但是问题仍然在那里，你总有一天要面对。在短暂的平静过后，当你再次看到问题，就会感到更加痛苦。拖延症是个最近十分流行的词，很多人不愿意完成工作或者应该做的事，直到最后一刻还在想办法拖延。这种情况，本质上就是逃避问题的一种表现。

因此，你应该敢于直面问题。你可能会找出无数个理由来逃避，你的内心充满了不情愿。即便是这样，你也应该鼓足勇气，尝试着去解决。可能有时候你实在是坚持不住了想要放弃，那么请你对自己说：我只需要试一下就好，只要一次，只要几分钟。如果这样的方式仍然不管用，到时候再放弃也不迟，因为你起码已经尽力了。

当你的脑海中出现了一个前所未有的新想法，你所做的第一件事不是接受它，也不会做出任何逻辑上的判断，而是直接否定它。你会找出各种各样的理由，把这个新想法从脑海中赶走。这也是你的思维陋习之一，只会因循守旧，而对新想法毫不相信。该怎样改变这种坏习惯呢？其实很简单，新想法出现的时候，不要急着拒绝和否定，而是交给实践去验证和判断。很多宝贵的机遇就是因为一个奇思妙想而出现的，如果你能抓住它，那么下一个改变生活甚至改变世界的人可能就是你。

你或许会经常听到长辈或者所谓的“过来人”对你传授一些人生经验，并对此深信不疑。但是这些结论并不都出自他们的真实经历，而且即便对他们管用，也不见得对你会有什么帮助。因为每个人的成长环境和生活环境不尽相同，任何知识和经验都需要我们在实践中发现它的作用，而不是盲目轻信。比如有人对你说，只要一份工作足够安稳，就是一份好工作。你相信了这个说法，于是找到了一份完全不需要任何思考，但是足够稳定的工作。这样的工作毫无波澜，让你早早地丧失了进取心，你将沦为一个平庸的人，而这或许不是你的初衷。因此，对于这些片面的说法，要能够做出自己的判断。不必担心犯错，犯错也能够积累属于你自己的经验，在排除了错误的方向之后，你就会离正确答案越来越近。

有时候你的脑海里会出现两个对立的声音，其中一个无论表达了什么观点，另一个都会表示反对。这样一来，第一个声音就会停下来接受质疑，并且对第二个声音提出的意见进行改正。但是无论它怎样迎合后者，都会被反对。这两个声音总是在争吵，让你无法得出任何有意义的结论。这也是一种不好的思维习惯，我们叫它强迫思维。

强迫思维除了会让人因为犹豫不决而感到痛苦，还会在某些时候让人陷入另一种狂热的情绪中。当两种声音中的一种暂时取得了胜利时，另一种声音就完全被压制了。你会变得扬扬自得，听不进去任何反对的意见。久而久之，你就会一意孤行，甚至成为一个偏执狂。虽然有人说，只有偏执狂才能成功，但是这通常是成功之人的自我标榜，并不具有可复制性。强迫思维带来的盲目和自大能让人在短时间内获得非凡的信心，也会让人更容易受到情绪的左右，无法用理智来思考问题。这种情况十分危险，会让人在不经意间从巅峰摔到谷底。因此，当脑海中出现争执不休的声音时，要用理智来判断，做出最符合实际的结论。

还有些人的心里总是充满了恐惧，认为很多事都会演变成灾难。这种思维源自内心的脆弱，因此表现为对外界的不信任。这种灾难性的思维会让人变得悲观，看待任何事情都会想到不好的一面。而这种悲观情绪反过来又会加重恐惧的心理，如此恶性循环，甚至会让人崩溃。这种思维完全受情绪的支配，恐惧占据了脑海，让人无法做出理智的选择。

例如，一个人十分害怕乘坐交通工具，尤其是飞机。他总是认为飞机飞在天上十分危险，一定会出什么事情。有一次他受邀出国参加一个会议，需要坐飞机。头一天晚上，他就完全陷入了恐惧中，脑海里出现各种可怕的想象。他甚至想象出了飞机失事之后的情形，以及他的亲人会如何悲伤，似乎这些一定会发生。他彻夜难眠，辗转反侧，他的妻子受他的影响也开始害怕起来。最后，全家都被恐惧的气氛包围了，他不得不退了机票，没有去参加会议，还生了一场大病。

由此可见，这种灾难性的思维会让人感到无比焦虑，总是十分紧张。之所以会出现这种思维，和这个人的成长经历和心理发育都有着莫大的关系，因此需要用心理疏导的方式来帮助他们走出困境。如果你也有这种思维的苗头出现，就要及时处理，不能任由它占据你的脑海。

有些人的思维异常僵化，丝毫都不肯变通。对他们来说，思维不需要其他形式，只要有一种固定的模式就好了。他们的生活也几乎是一成不变的，按照某些特定的规则运行。更有甚者，在什么时候说什么话都是固定的。相对于不断进步的时代来说，他们的世界仿佛是独立存在的。他们僵化的思维里没有什么想象力和创造力，因此也不会给自己带来什么改变。这些人的生活是如此按部就班，就好像是一群被设定好程序的机器人。

有一位女士就是这样刻板的人，她的原则就是没有任何自己的原则，凡事都听从他人的安排，并事无巨细地照办。不管她当时面临的是怎样的具体情况，别人说什么她就做什么，完全不会自己加以分析。如果出现了差错，她就会怪罪给她提意见和出主意的人。起初她身边还有一些朋友，觉得她需要保护，会照顾她。但是在深入了解她以后，这些朋友无一例外地离开了她。

从这位女士的经历我们能够看到，如果思维过于刻板，就只能活在自己的世界里。它显示出人在不敢面对现实时心理的脆弱，因此要克服这样的思维陋习唯有先战胜自己。要从保护自己的脆弱躯壳里出来，打败恐惧，迎接生活的改变。这样的改变能培养你的思维能力，让你更加富有创造力，从而让生活发生积极的变化。

以上的这些思维陷阱都在提醒我们，很多习惯仍然根深蒂固，要想办法加以改变；很多习惯一旦形成就会带来负面作用，所以要尽量避免。思维的陷阱虽然可怕，但是只要我们勤于思考，愿意改变思维的角度，用理性的思维来做出判断，就能变得更加智慧，思维也会更加丰富多彩。

6 不过度依赖经验

我们只要解决过问题，就会收获经验。这些经验可能是成功的产物，也可能是失败的总结。如果有过成功解决问题的经验，下一次面对同样或者类似问题的时候，思考的过程就会变得更加简单。对我们来说，经验是一笔十分宝贵的财富，能够让我们更有目的性地思考，做出更合理的判断。因此，我们往往会形成一种思维习惯，那就是十分依赖过去的经验。这种思维也被叫作经验思维，它的特点是一切都从经验出发，严格地以经验为准。很多人都有这样的经验思维，奉行经验至上的理论。

成功的经验的确可能在很多时候提高我们的思考效率，帮助我们更好地决策。但是经验就没有错的时候吗？当然未必。随着时间的推移和条件的改变，过去的经验往往无法解决新出现的问题。如果一味地相信经验，就会陷入惯性思维中，让人变得僵化和呆板。事物总是在向前发展的，用一成不变的眼光来看待问题，本身就是落后的思维方式。有的人认为只有自己的经验是对的，外界事物如果和他的记忆中的不相符，那么它就是错误的。这种自我封闭的思维会束缚住你的创新能力，让你跟不上时代的脚步。

也许你过去曾有良好的经验，并且靠它解决了很多问题。因此你变得十分依赖经验，形成了经验思维。这种经验思维继续发展，成为你的思维习惯。这种情形逐步发展，最后会引发质变，彻底改变你的思维。你将失去创造力，而曾经创造辉煌的经验如今却成为前进路上的绊脚石。你不再会积极地思考，也无法解决新的问题。

在当今社会中，有经验思维的人不在少数。甚至经济学中专门提出了一个概念，把它叫作路径依赖。这个概念借鉴了物理学的理论。在物理学中，一切有质量的物体都有惯性，一旦开始运动，它就会保持一个运动的势头，直到有其他的力阻止它为止。而路径依赖指的是，当人们选择了某种思考方式和行为模式之后，也会保持惯性。你会在这条路上越走越远，除非有什么力量能够阻止你，否则你会一直沿着这条路走下去。

无论是个人还是企业，甚至是一个国家，都有可能出现路径依赖的情况。这种依赖带来的结果有时取决于路径，可能你会变得越来越好。但是我们也知道，没有什么是一成不变的，如果你依赖的路径只朝着一个方向，而不会做出改变，那么在一段时间之后也会变得与现实不符。但是人们走上了他选择的道路之后，就会在惯性的引导下一直向前，而不愿意改变现状。在好的路径上前进，这是无可厚非的。但是有人明知他选择的路径是错误的，却仍然一路狂奔，这究竟是为什么呢？

我们可以从几个方面来解释。当你做出某个选择的时候，一定会有一个合适的理由支持你做出选择。在选择之后，惯性会让你不断加深对这个选择的肯定，让你越陷越深。同时，每个人或多或少都存在一些思维上的惰性，一旦形成了习惯，就不愿意做出改变。这时我们要注意，一定要尽力避免出现惰性。如果惰性已经明显影响到你的正常思维，那么就要加以改正。另外，人们在做出选择时，不但会有思想上的付出，还会有其他方面的投入。当你想要放弃的时候，往往会考虑到曾经花费的成本，然后继续下去。最后，改变带来的是未知的，而当前的选择是已知的。如果没有足够的勇气，就无法重新做出选择。

经过这些我们可以知道，路径依赖是很难破除的。因为它的惯性力量十分强大，会让产生依赖的人在头脑中自我强化，无法逃离。如果我们有了路径依赖的习惯，凡事都靠经验来做出选择，就有很大的可能犯下错误。

一位研究路径依赖多年的经济学家，对这种思维模式进行了深入的分析。我们可以用特定的例子来描述路径依赖产生的过程及其带来的结果。在科技领域产生了一种新兴的技术，这种技术能够极大地提高生产率，降低生产成本，但是它进入市场的时间早与晚，带来的结果将完全不同。如果它在市场尚未完全成熟的时候进入，那么凭借自身的巨大优势，会让首先采用这种技术的人大赚一笔。其他人看到这种技术带来的好处，也会纷纷跟进学习。这种技术也会不断成熟和进步，形成一种良性循环。但是如果一个市场已经足够成熟，形成了壁垒，那么技术进入市场之后，就不会有多少人愿意采用。因为采用这种技术意味着冒险，而成熟的市场中，敢于冒险的人始终是少数。研究一种新技术需要投入很多成本，而采用技术的人不多，意味着成本也很难收回，更别提升级换代了。这样就会形成恶性循环，最终走向失败。

我们可以将这个过程推广到很多领域，得出的结论都是相似的。如果一种路径是好的，换言之，一种经验带来的结果是好的，那么我们就会不断强化这种经验，形成良性循环；如果经验犯了错，那么就会一步步走向衰退，最终深陷其中，无法自拔。在平时的工作和生活中，我们可能正在深受经验思维和路径依赖的影响。如果这种路径是好的，我们可以继续坚持；但是如果它是错误的，就该当机立断地从中脱身，避免走上恶性循环的道路。

道理虽然如此，但是真正实施起来并不是一件容易的事。我们前面已经分析过了，有很多因素影响着个人的选择。当你已经习惯了一条路径、一套经验，就会不舍得做出改变。即便是要求改变的压力非常大，你也不会一下子从中脱身，而是需要时间。往大的层面说，一个组织如果形成了一套制度，那么就一定会贯彻这套制度。即便是明知道有更好的方法，也不会轻易改变。

那么是否就无法摆脱经验对我们的掌控呢？答案当然是否定的。最简单的办法，当然就是完全不依赖经验。这种做法过于极端，很难实现，而且好的经验确实是值得我们学习和借鉴的。那么如果一定要用到经验，就要掌握好尺度，避免形成过度依赖。你的思想应该始终保持开放，总是渴望进步和创新。如果你已经走在路径依赖的道路上，也要认真地分析自己的情况，做出理性的判断。改变的时候也不要操之过急，从改变思维方式做起，一点点从依赖中摆脱出来。

如果你能坚持一段时间，一点一点地做出改变，那么最终你会发现，自己已经走在另一条完全不同的路上。你将会面临新的选择，并且要接受这种选择带来的风险。即便选择是错误的，你也不要气馁。毕竟，失败也是一种经验，而且是一种有益的经验。当你懂得用经验来指导自己前进的方向，而不是过度依赖它，你将更加灵活，生活也会变得更加有趣。

7　敢于冒险才能成功

有很多问题是我们从未遇见过的，要解决这些问题，除了要采用新的思路和思维方式，还要承担失败的风险。有些人惧怕失败，不肯迈出第一步，当然就只能停留在过去的阶段，无法进步。在日常生活中，人们最常应用的思维方式是总结和归纳。把过去解决问题的方法和经验总结成规律，并利用这些规律来解决问题，有时还会对可能发生的事进行预测。当这种预测变为现实，我们就说，这个规律一定是正确的。这种方式从方法论的角度来看，就是证实性的。

这样的方法就是完全正确的吗？当然未必。即便是已经发生的事符合我们的预知，也无法保证未来的每件事都会遵循同样的规律。换言之，永远正确的理论是不存在的，错误总会出现。金融大鳄乔治·索罗斯之所以会在金融危机中赚得盆满钵满，是因为他具有自己的一套投资模式。他会大胆地对市场做出假设，然后根据假设和市场的真实反馈之间的关系来决定如何投资。当假设正确，他就追加投资；假设错误，他就马上改变条件，直到假设再次变得正确为止。这种思想，就是一种典型的试错思想。

想要解决新问题，就需要一个更符合实际的方法，那就是始终保持思维的进步，不断修正已有的理论。同时要有冒险精神，具备试错思维。试错思维的意思是不断进行尝试，哪怕得到的结果是错误的也不气馁，直到得到理想中的结果为止。在创新的过程中，试错思维是十分重要的。但是我们要注意，试错指的不是一直在错误的道路上越走越远，而是在失败中不断总结经验和教训，不断修正，最终得到正确的结果。

硫化橡胶的发明，就是应用试错思维的经典例子。19世纪，橡胶制品开始出现。但是当时没有深入加工橡胶的技术，只能用来制作橡皮或者防水雨衣等简单的物品。有一天，美国人查尔斯・固特异购买了一个橡胶救生圈，并对救生圈的充气嘴进行了改造。但是当他拿着这个小发明来到生产救生圈的公司，却发现没有足够的技术可以应用它。因为当时的生橡胶对温度十分敏感，温度高的时候就会熔化，发出臭味；温度低时则会变硬变脆。查尔斯・固特异回到家，开始着手改进橡胶。

因为这时候没有任何人知道该如何使橡胶的性能发生良性的变化，因此没有任何经验可以借鉴。在这种情况下，查尔斯・固特异开始了大胆的尝试。他把身边能找到的东西全部都和橡胶混合了一遍，其中包括沙子和油，甚至还有盐和糖。这些实验失败之后，他又使用了别的材料，因此欠下了很多外债，连吃饱饭都成了一件困难的事情。在他所在的城镇里，他成了大家嘲笑的对象。如果有人来找他，其他人就会说，如果你见到一个人浑身上下都穿着橡胶，口袋里装着橡胶钱包，但是里面一分钱也没有，那人就一定是查尔斯・固特异。

虽然不被人看好，并且一直在失败，但是查尔斯・固特异没有放弃，仍然坚持用各种新材料和新方法实验。有一次，他使用酸性的蒸汽来熏蒸橡胶，竟然意外发现橡胶的性状发生了有益的改变。在此基础上，他又进行了大量的实验，终于制造出了能够完全硬化而不会熔化和开裂的橡胶。从这时开始，橡胶才被制成能普遍使用的制品，推动了社会的进步。查尔斯·固特异的成功，正是凭借着试错思维和冒险精神。

从这个事例中，我们看到使用试错思维能够带来创造性的新成果。那么，在平时的生活中应该怎样应用这种思维呢？在试错的时候，可以分为两个阶段。第一个阶段是猜想。当你发现现有的事物存在问题，就应该大胆地提出猜想：我是否可以改进它？如果连猜想都不敢做，那么就别提之后的事情了。在提出猜想之后，就要找到真正的问题所在。这个过程并不是无中生有地挑毛病，而是以客观的态度来发现问题，目的是改正和解决问题。我们的经验也需要不断更新，原有的知识虽然能够在某个阶段为我们的生活提供指导，但是随着时间的推移会变得陈旧，需要加以改造。当你发现了问题，就要用新的知识来修正它，并将修正后的结果整合到原有的知识体系中。

需要注意的是，首先，猜想必须建立在事实的基础上，而不是胡乱猜测，做出不负责任的论断。一个合理的猜想首先要简单明了，不能过于复杂。当你提出一个猜想的时候，人们应该能够马上意识到它是根据哪个旧观点或者旧知识提出的，又有什么创新之处。其次，要能够经得起检验。一种新提出的猜想，不能简单地对过去进行否定，还要提出新的观点，而且这些观点能够被验证。如果没有新的改进意见，那就还是停留在过去的阶段，是不足采信的。最后，这种猜想应该能够带来足够大的进步，让改进之后的理论能够坚持足够长的时间。如果一个新理论短时间内就被更新的理论替代，那么它就不是一个合格的改进理论。

提出猜想之后，就到了试错的第二阶段，这就是反驳和验证。没有经过验证的猜想是无源之水，是站不住脚的，甚至可能有很多错误。

因此，要带着怀疑的眼光来看待猜想，找到它的不足之处，改正错误。我们的思维之所以叫作试错思维，本意就是找到错误并且解决错误。因此，如果忽略了改正错误这个关键步骤，就只能继续走在错误的道路上，对解决问题毫无帮助。通往变革的道路上满是雷区，如果不能找到错误，就会陷入危险。如果只是小心翼翼地通过，没有留下标记或者排除它，后面的人也将面临同样的危险。因此，只有找到错误并改正它们，才能更好地实现改变。当错误被一一发现和改正，那么就会像查尔斯·固特异发现新橡胶一样，取得革命性的成果。

从错误中学习，不怕失败，敢于冒险，是人类进步的动力和源泉之一。只有知道什么是错误，才能推断出什么是正确的，进而实现科技的发展和生活水平的提高。我们如今的生活中应用的几乎所有物品、使用的所有理论，都是在一系列错误的基础上通过改进得到的。因此，要学会用试错思维来思考问题，不怕错误的猜想可能带来的风险，才能迎来成功。

8 学会批判性思维

现在的社会是一个信息爆炸的社会，我们每天都会从手中的不同智能设备上收到各种平台传来的信息。这些信息有些是我们主动订阅的，还有些是被系统自动推送的。面对这些蜂拥而至的信息，我们该怎么处理呢？是照单全收，还是一概拒绝？这就需要我们具备批判性的思维，用理性的方式筛选出对我们真正有用的信息。

有些人对待信息的态度是，不管是怎样的信息，都要全部阅览，并且统统都会相信。在这些人看来，只要是信息，就会有它的作用，因此他一条也不敢忽略。这样造成的结果就是一无所获，要得越多，失去得也就越多。持有这种态度的人，就好像是被扔进坚果堆里的仓鼠，只会一直不停地往嘴里塞东西，却毫不考虑能不能吃得下，能不能带得走。

另一类人则会对收到的信息做出判断和筛选。首先他会淘汰掉一眼看上去毫无意义的信息，之后再把包含真实内容的信息仔细过滤一遍，留下对自己最有用的那些，其余的统统删掉，不会觉得可惜。因为他知道，只有适合自己的才能发挥真正的作用，而大多数信息都是无用的，不值得留恋。这种人就像是在河水中淘金的人，把无用的沙子筛掉，剩下的就是最宝贵的黄金。

很多时候，你明知道后者才是正确的，但依然下意识地成为前者。造成这种情况的原因就在于你的思维方式存在问题，需要进行改进。你应该努力学习和锻炼批判性思维，学会理性地对待眼前丰富的信息。通过思考，你将明白哪些是有用的，从而做出更加符合自身实际情况的判断。

首先我们要弄清楚，什么是批判性思维。批判性思维，有别于只懂得一味学习和吸收的思维方式。在面对一个新知识时不断提出问题，验证知识是否正确，是否能够解决问题，借此来判断是否需要学习这个知识，这样的思维方式就是批判性的思维方式。因此，在海量的信息面前，我们就可以采用批判性思维来判断哪些信息值得接收。

我们应该明白的是，在日常进行的思考中，大部分都是自动完成的，是没有什么重要意义的。这是进化和选择的结果，因为头脑的分析能力是有限的，要用到关键的地方。很多不需要时刻注意的动作和思考就成为本能，不知不觉中主导着绝大部分行为。但是当面对复杂的问题时，就要用到真正的思考了。这时如果还凭借本能或者惯性思维来指导行为，不但容易犯错误，甚至会使自己陷入危险之中。例如，你习惯了在夏天里走在树荫下，累了还会倚靠在树上休息一会儿。但是在雷雨天里，你就要远离高大的树木。如果有强烈的闪电，或者大风吹断电线挂在树梢上，而你还习惯性地接近大树，就会面临极大的危险。

因此，如果你经常面对一些不值得讨论的问题，做事的效率也变得低下，那么你就该考虑一下，是不是自己已经陷入了思维定式，只会用本能去判断，而没有仔细地思考。这样一来，当你面对一些困难的问题时，也会出现误判。首先你可能会认为，所有问题的答案都具有唯一性和绝对性，而你如果要找到答案，就要沿着仅有的一条道路去寻找。这种想法大多数人都会有，但是你应该知道的是，每个问题的答案其实都不止一个，而且要通过思考来发现，而不是找到一个途径就能顺利得到。

还有一种错误的想法，认为所有问题都没有答案，或者说答案都是相似的。很多时候，当人们发现上面所说的“每个问题都只有一个答案”的理论是错误的之后，就会马上转向虚无主义，认为答案是不存在的。这种想法当然也是错误的，虽然它具有一定的批判性，但是完全否定了正确的可能性。

批判性思维不同于以上两种思维方式，它既不绝对相信，也不绝对否定，而是通过合理的怀疑和理性的判断来起作用。当我们接触到一些信息，无论是来自已知的信息源，还是来自未知的信息源，都要合理地进行质疑。这样做并不是单纯地为了质疑，而是为了验证真实之后完全地相信。我们都有自己不足的地方，所以不要简单地认同或接受，而是要加以验证。

对于同一个问题，不同的人会有不同的理解，产生不同的观点。要学会包容地看待不同意见，而不是急于否定或者让别人接受自己的观点。每个人都希望自己是正确的，但是事实可能并非如此。最后要学会用理性的思维来做出判断，给出经得起推敲的依据。这种判断应该是经过认真思考的，而不是一时冲动做出的。理性的判断是我们下一步解决问题的基础，指导我们如何采取行动。

我们已经知道了批判性思维的重要性，那么在生活中应该怎样应用呢？首先要从你看到的信息或者做出的假设入手。当你遇到一个理论，它是别人做出的，你就要自己去判断这个理论是否正确。通过这种验证，你能够学到新的知识，或者得到创新的结果。对你做出的假设也可以采用同样的方法。你要问自己：什么是我想要的？现在正在做的事情是我曾经期望的吗？只有验证了这些，才能帮助你真正理解你自己的假设。

其次要留意自己的思维。你可能已经形成了一种思维定式，或者习惯于凭借本能去思考。这些思维习惯都不利于进行批判性思考。人类的本能是进化和自然选择的结果，因此在面对自然界中可能的危险时，本能比理性思维更加重要。但是当你面对一个来自人类社会的问题，那么就不能只靠本能行事了。同时，人们在看待事物的时候难免会有偏见。而批判性思维会让你认识到这种偏见，并尽量避免受到偏见的影响。

最后，当你想要解决一个复杂的问题时，不妨同时思考与这个问题有关的其他问题。你可能会认为，同时思考几件事比思考一件事要更加困难，而事实上，如果这几个问题彼此之间存在关联，那么就很容易通过其中的一个解决其他的几个。你还要对手中的信息进行分析，要问自己这些信息的来源，以及判断它们是否真实。

举例来说，我们经常会收到一些消息，或者看到一些“新闻报道”，里面说某种食物具有强大的保健功效，对人体十分有益。如果你没有用批判性思维来仔细分析，就会认为这种说法是正确的，并且会相信它。但是只要你继续深入了解，就会发现这种所谓的新闻都是生产这种食物的公司自编自导的，根本不具有说服力。虽然这种食物可能真的具备某种功效，但夸大的宣传是明显值得怀疑的。

批判性思维能够让你从复杂的信息中得到有理有据的结论，不管你看见什么，都能通过自己的思考来做出判断，这才是重要的。寻找结论本身固然有意义，但是更有意义的是进行思考的过程。

9 删除不必要的因素

在当代，人类社会不断向前发展，科学技术和生产力都获得了巨大的提升，人们的生活需求也变得越来越丰富。但值得关注的是，在生产和需求多样化的今天，人们的意识也在悄然发生着变化，这就是在快节奏的生活状态下，人们更希望生活能变得简单些，让功能简化些，让生活的节奏慢下来。

过去，无论在生产还是生活中，人们的思维都在做着加法，总在发现生活中缺少什么，需要补充什么，增加什么，某个配置已经有了，就琢磨着再增加个功能，而商家也会迎合大众的心理。后来发现，加法固然有其价值所在，有其诸多益处，对于生活水平的提高起到了推动作用，但也并非十全十美，于是，减法思维开始流行起来，并逐渐占了上风。

那么如何做减法呢？我们可以从多方面入手，比如一些功能强大的机器，看上去配置多样、完整，但有些重复的功能、可以替代的功能就显得多余，不仅增加了研发制造和运营的成本，也增加了体积和空间，售价也相应增加，到了客户那里或许就有些不买账了。如果做减法思维，将多余的功能舍弃，不仅减少了研发制造和运营的成本，减少了体积，降低了售价，或许还能赢得客户的欢迎。

哈佛大学在管理课程中就贯穿着这样一条理念：要是在某一产品中增加一个部件或功能，如何减少成本？其最好的办法就是：考虑一下能否不要这个部件；其次的办法是：能否改进已有的部件增加相应的功能；实在不行，再考虑如何减少该部件的成本问题。可见，几种方案都围绕着减法在做文章，在扬弃中获得利益的最大化。

苹果公司是一家著名的公司，它的著名大概也在贯彻减法思维方面。当该公司的产品iMac上市时，没有配置软驱，在当时的市场上软驱是不能缺少的，但公司认为从发展趋势上看，软驱应在被淘汰之列，于是在配置上做了减法。我们还知道，局域网接口是必要的，而现在的MacBook Air没有局域网接口，这也是做了减法，理由就是无线局域网的推广。曾经有人向苹果总裁史蒂夫·乔布斯建议增加某个配置，而史蒂夫·乔布斯认为虽然在别人看来有很多理由增加这样的配置，但创新要敢于说不，敢于做减法，因为创新不是对什么都说“是”。

我们再以日常生活中常用的电熨斗为例，看看减法思维对我们生活的影响。

电熨斗在市场上的品种已经很多，且趋于饱和，如何在这样的市场上开拓出一片新天地，日本的松下电器公司可谓煞费苦心。公司的事业部长岩见宪是个有心人，一次他把几位家庭主妇请到公司来，向她们征求对公司产品的意见。一位主妇的想法引起了他的兴趣，这位主妇希望熨斗不带电线，这样使用起来更方便。

这个想法真是太妙了，事业部立刻组织人员进行研发。不用电线，就要解决蓄电的问题，这样一来，电熨斗本身的重量必然增加，甚至有5公斤重。虽然电线的问题解决了，但新的问题又来了，就是使用起来非常费力。研发人员从细节入手，寻找解决问题的出路，他们将主妇使用熨斗的过程录制下来，认真研究每一个动作。经过观察，他们发现，主妇熨衣服时，电熨斗不是始终都握在手中，她们熨一会儿就将电熨斗竖立在一边。正是这个举动启发了研发人员，为了改变蓄电方法，他们研发了一种蓄电槽，主妇在熨衣服的间隙可以将电熨斗放在蓄电槽内蓄电，这样，只需要8分钟，电熨斗就能充足电量，这样一来，电熨斗的重量就减轻了许多。蓄电槽具有自动断电功能，因此使用起来更安全。这样的新式电熨斗一上市，就大受欢迎，在众多电熨斗品牌中独树一帜。

减法思维可以提高工作效率，节约成本，节省时间，节省精力，好处多多。当我们面对复杂繁重的工作时，常常感到压力很大，甚至无从下手。这时，我们不妨先静下来理顺思维，把工作做个梳理，划分一下哪些工作是主要的，哪些是次要的；哪些是急于完成的，哪些是可以稍后完成的；哪些是必要的，哪些是不必要的，一旦发现不必要的，要敢于割舍。这样分清主次、先后、难易，就能将工作理顺，排好序，增强了条理性，而减少乃至删除不必要的环节，就能进一步提高效率。这时你会感到先前的压力减轻了，头脑清醒了，工作自如了。

在广告策划中我们也会遇到类似的问题，开始为了更加全面地展示产品的各种优势和便于传播，我们会汇集各种素材和手段。当这些材料摆在我们面前，就要对它们进行一番梳理，这时我们会发现一些内容虽然都围绕产品展开，但因为角度不同而显得大同小异，有的还有重复之嫌。我们就要对这些材料做合并处理，对重复的表述进行精简压缩，甚至删除，只留下精髓。材料如此，手段也一样。对于那些与主旨无关的内容则坚决删除，不做喧宾夺主的事情。而对于那些与广告策划有些关系，但不是很密切，一时又难以删除的，可以做暂缓处理，先搁置一下。经过这样的筛选把关后，我们会发现这个广告策划案已经非常简洁精致了，就像一件精美的艺术品，已经从先前臃肿粗糙的原材料中脱颖而出。

我们发现，减法思维就是要寻找一个或几个准确的点，有了这几个点就能连成线，有了线就能连成面。这个原则把握好，我们就能在减法思维中构建一种思维逻辑，我们的工作效率就会因此而得到大幅提升，我们的工作现状就能得到相应的改善。

10 如何解决争议

在社会生活中，争议是无处不在的，比如对于企业的重大决策，在内部会产生分歧；商家之间在市场竞争中，也会发生争议。如何解决分歧和争议，这也涉及思维方式的问题。有人把类似诉讼的形式引入争议的解决方案，这种方法的确有必要，因为许多涉及法律的问题只有运用法律的形式解决，但在走到这一步之前，我们是否还有更好的思路呢？我认为还是有的，那就是运用辩证的思维方式。

辩证的思维方式不同于逻辑思维方式，虽然都有逻辑的成分存在，但逻辑思维更强调一个严谨的标准。其实，辩证的思维方式并非没有一个严谨的标准，只是更强调变通。实际上两者只是在思维过程上有所不同而已。辩证的方法注重用发展的、联系的眼光看问题，关注事物的变化，这样看问题，就会在复杂纷纭的矛盾中找出内在联系，找出主要矛盾和次要矛盾，从而找出解决问题的思路。比如，如何评估一个员工，单纯用好或坏来界定就失之偏颇，因为用更加符合逻辑的眼光看，所谓好和坏也不是一成不变的，在一定的条件下会发生变化，甚至会向各自相反的方向转化，所以，对待“好”员工，要发现还有哪些不足之处，有哪些潜在的负面的东西，这些东西很容易被“好”的光环所笼罩；而对所谓的“坏”员工，要找出“坏”的原因，如果是属于成长过程中的问题，那是难免的，只要及时加以纠正，肯定其好的本质，所谓“坏”也是有希望向好的方向转化的。

我们再来看一个劳资矛盾的解决案例。澳大利亚墨尔本公共汽车公司的司机在待遇方面与资方产生矛盾，他们与资方谈判改善待遇，增加工资，但谈判没有成功，于是工人决定以罢工的形式向资方抗议。但他们也考虑了罢工的后果，因为如果汽车停运而引起公众不满，老板的态度就会更加强硬，工人就会陷入进退两难的境地。这时，工会领导想出一个变通的方式，做到两全其美，就是既达到罢工的目的，又不影响公众的出行。他们像平常一样出车，热情招待乘客，甚至不收取乘客的车费。免费乘车让大家都很高兴，但资方坐不住了，因为这样一来，公司没有任何收益，成本还要照样付出，这不是赔钱的买卖吗？于是，老板赶紧找到工人求和，答应了工人的条件。在这个案例中，我们会发现，工会的举措就运用了辩证思维的方式，既不影响公众出行，又达到了罢工的目的。

从以上分析可以看出，辩证思维是思维的一种高级形式，它已经上升到哲学的高度，为我们提供了可靠的认识论和方法论，对其他思维方式起指导作用。我们在日常生活和工作中遇到难以解决的问题时，在运用了很多方法都一筹莫展时，我们就应该想到用辩证的方式来思考。特别要指出的是，当我们遇到难以判别对错的情况时，辩证的方法就能帮助我们厘清思路。运用辩证的方法，就会发现对立是相对的，它们既对立又联系，在一定的条件下还会相互转化。所以，为了解决问题，我们可以有意识地创造条件，让对立的双方达成某种共识。

在商场上，竞争双方常常表现出对立的态势，甚至水火不相容，不是你死就是我亡。这样的竞争难道就有利于各自的发展吗？答案是否定的。现在很多人也意识到了这一点，于是一种新的意识在逐渐被强化，这就是双赢。其实，这个理念早已有之，它既不损害双方的利益，又能形成伙伴关系，满足各自的利益需求。

我们再分析一种现象，比如，某公司的几个员工对一个问题发生了意见分歧，几个人争执不下，纷纷找到上司诉苦。员工A认为自己有理，上司听了予以肯定。员工B对员工A持反对态度，到了上司那里也被肯定。对此人们有些不解，既然有争议，那一定有正确和错误之分，怎么他们都对呢？但是，上司自有一番辩证的思路，在他看来，员工发生争议，他们都围绕同一个问题，但他们都只看到了问题的一个方面，而且说得都有道理，所以，谁都没有错。这很像一些大专辩论会，正方和反方各说各的理，现场气氛活跃，辩论激烈，谁也不服谁，谁也说服不了谁。其实，仔细分析，会发现他们说得都有道理，都是问题的某一方面，都没错。这很像“盲人摸象”那个寓言所描写的，有的盲人摸到了象的大腿，就说象是柱子；有的盲人摸到了象的尾巴，就说象是一根鞭子……他们说得都不错，但都是象的某个局部，不能判定谁对谁错。这样看来，很多问题从不同的角度去理解都有道理，之所以产生分歧，是因为双方的视角有差异，他们看到的都是同一问题的不同方面。

要正确地认识事物，正确地解决问题，我们就要树立辩证的思想，要善于运用事物的对立面。所谓对立，既可以是两种对立的事物，也可以是同一事物中对立的双方。在工作和生活中，我们既可以化解对立，也可以有意识地设置对立。这也是一种思维模式、一种创新思维。对立面的设置可以激活很多东西，有了对立面，就有了对比，有比较就好鉴别，就能优中选优，同时，还可以将对立的双方加以统一，达成对立的互补和融合。需要注意的是，对立常常是显性的，我们很容易就能发现；而统一性却是隐性的，看不见摸不着，所以容易被忽视。这就提醒我们在发现矛盾、发现争议时，不要急于判定孰是孰非，要静下心来深入探查一下对立双方的共性，然后运用对立统一规律做辩证的思考，促成对立双方的共识，这样就找到了一个解决争议的出口。

11　逆向思考的几种方法

人的思维活动有多种形式，一般来讲，人们习惯于正向进行思考活动。但是，在社会生活中人们也发现，按照习惯方式思考时或许会遇到一些困难，甚至遭遇一些瓶颈，这时，有人灵机一动，调整思考的角度，甚至从反方向，也就是做逆向思考。这样问题的根源或许就清楚明了了，也就找到了解决问题的方法，甚至有一种豁然开朗的感觉。可见，正向和逆向是一个对立统一体，无论从哪个角度看，都是相辅相成的，但因为逆向思考容易被忽略，所以有必要加以提示，引起重视。关于逆向思考的问题，以下几方面值得注意。

方法之一：方位逆向

我们说生活中的矛盾是无处不在的，家庭中，职场上，社交中，在各种各样的场合，人们都难免产生矛盾，很容易造成矛盾双方的对立。当陷入僵局时，摆事实讲道理或许都不能让矛盾双方达成谅解，各说各的理，都认为自己受到了对方的伤害。这时，如果双方都能换个角度，站到对方的立场看一看，或许就会有新的发现。比如在家庭中，夫妻之间、父母和子女之间，都会产生一些矛盾；在职场上，老板和员工之间也是矛盾重重。大家都在抱怨对方，都从自己的角度看问题，这样纠结越发严重，甚至会形成死结。

我们建议双方都静下来，各自交换“场地”，这时，大家都能设身处地地换位思考了。要做到这一点，首先你的心要真诚，要善于变换思考的视角，不要固守一个模式。当你站在对方的角度体验时，你会产生不一样的感觉。

当然，有时一次换位思考就能让你改变自己的认知，但有时或许需要多次。所谓逆向思考也需要不断升华，这是因为当你做逆向思考时，对方也在做着同样的思考。这很像在棋盘上，双方都在出棋，都在不断地变换着招数，都在使出招数应对，所不同的是，棋盘上的出招是为了战胜对方，而在家庭、职场和社交中，我们所说的换位思考，是为了达成双方的理解，让矛盾化解。这个转换的过程，实际上也是一个从物理空间到思想的转化过程，在棋盘上要赢，而在人际关系中要达成和谐。

方法之二：属性逆向

除了人际关系上需要我们进行换位思考之外，我们对某件事物的观察也要经常变换角度，这样才能把握事物的全貌。比如，对于药物的认知，我们都知道既要了解药物的救治作用，也要了解它的副作用，这一点有时甚至还非常必要，了解了它的副作用，就能避免不必要的伤害，甚至对生命的威胁。可见，逆向思考有时甚至成了思考的关键环节。这也提醒我们，事物有时会向其相反的方向转化，所谓矫枉过正，过犹不及，就是这个道理。

逆向思考不仅能让我们全面地认识事物，更能全面地认识人。现在媒体对成功人士的报道很多，一般都做正面的报道，仿佛此人天生就具备了成功的因素，非常人所能及。其实，每一个成功人士的背后，还有着与常人无异的经历，他们的成功并不是一帆风顺的，他们都遭遇过无数的失败和挫折。所以我们应该从这样的角度宣传成功的经验，告诉人们，想取得成功，就要付出巨大的心血。从成功能认识一个人，从失败和挫折中更能认识一个人的本质，这甚至是个关键环节。

方法之三：因果逆向

我们欣赏艺人精雕细刻的作品时，不仅会感叹艺人精湛的技艺，还会对材料发出由衷的赞美。其实，有的材料本身并不完美，甚至最初被视为废料，但是在艺人眼里却没有所谓的废料，他们会根据材料的特点做反向的思考，甚至将材料的瑕疵做因势利导的加工处理，从而变废为宝，使之呈现出精美出彩的亮点。

这一点在医学上也被广泛应用，当然，不是变废为宝，而是变害为宝，比如一些疫苗的研制，就是依据以毒攻毒的原则，这实际上就是一种逆向的思考方法。

方法之四：原理逆向

对事物原理的认识，人们一般都是按照正向去思考，有时换个角度，能达到出奇制胜的效果。比如，温度计的发明，就是逆向思考成功的一例。这是意大利物理学家伽利略的成果。当医生请求他设计温度计时，伽利略进行了多次实验，都失败了。一次在给学生上实验课时，他发现水温的变化会导致水的体积发生变化，他突然意识到如果倒推过去，从水的体积的变化也能看出水温发生变化。就是按照这样的逆向思路，伽利略终于发明了温度计。小小的温度计在医疗诊断中发挥了不可或缺的作用，伽利略的发明可谓意义重大。

方法之五：结构逆向

在制造行业，结构的问题很重要，人们一般都从正向去思考，但换个角度，从结构去反推，也会获得意想不到的效果。比如，我们在进行烹调时，非常讨厌食材煳锅的现象，这是加热的问题，还是锅本身的材料问题？日本的一位家庭主妇对此进行了一番思考，注意是一种逆向的思考。她发现加热使锅底受热过多，会形成煳锅现象，她就想把加热的位置加以改变。于是她进行了多次尝试，最后在锅盖里安装上电炉丝，在结构上进行了改造，这样的锅就不会再煳了。

方法之六：缺点逆用

说起缺点，人们都会持否定的态度，但聪明的人会因势利导，将缺点转换成优点，将短处变为长处，这在人才培养中值得注意。有个学生生性好动，能言善辩，课上常常扰乱教学秩序，家长认为这是孩子的缺点，非要将他关起来闭上嘴苦苦练琴不可。其实，孩子生性好动、能言善辩并非坏事，只是用错了场合，如果根据他的特点加以培养，说不定将来就是个演说家，起码也是个优秀的推销员。果然，多年后在脱离了父母的管束后，这个孩子终于撇下了琴，像冲出樊笼的鸟儿般去干自己喜欢的事情，并且真的成功了。

从以上对于逆向思考的剖析中，我们可以发现这种思考方式对于我们的生活是非常有益的，甚至会给我们带来惊喜。无论在职场还是在家庭中，抑或在社交中，我们都会遇到很多棘手的问题，但只要我们注意换位一下，做逆向思考，或许问题就迎刃而解了。逆向思考是黑暗中的一点亮光，它会让你在茫然无措中找到一条出路；它还会在你面临众多抉择而无所适从时，为你呈现一个最佳的方案。我们在处理问题时，常会因为问题的复杂而伤脑筋，其实，变换一下视角，做一次逆向思考，就会发现原本复杂的问题变得简单了，这样解决问题也就相应简单了。

逆向思考并不是一件新鲜事，它早已存在于人类的思考方式中，只是没有引起人们较多的关注。现在人们越来越重视运用逆向思考，在人际关系中，在生产实践中，在发明创造中，这种方式都会带来令人惊叹的结果。

Chapter 5

在思考过程中如何『补脑』

1 利用曲线区间上升

许多人都看过拳击比赛，不知大家注意到没有，当拳手向前出拳时，他总要先向后收拳，然后再出击。这是为什么？道理很简单，收拳是为了出拳更有力，从思维方式上讲，这就有了直线思维和曲线思维之分。拳手直接出拳，如果有力，能给对方以沉重打击，那也无可厚非，但实战告诉人们，这样有时并非最佳选择，反倒是先收拢一下再做出击，才有更大的爆发力，这就是两种思维方式的区别。当直线思维方式难以解决问题时，我们不妨换一种思路，采取曲线形式，问题或许就容易解决了。

二战中，南斯拉夫共和国抗击德国法西斯的进攻。希特勒调集了四个德国师、一个意大利师组成联合部队，加上南斯拉夫的傀儡军队，准备发起进攻。当时的南斯拉夫领导人是铁托，他只有四个师的兵力，其中还有大量伤员。他们要向东南方向突围，设法转移到黑山共和国。这场突围战注定规模重大，关系生死存亡，而此战的重点就是要渡过涅列特瓦河。

铁托的部队在转移途中，为德军所阻，他们被困在河流的左岸。只有渡过河去，才能转移到安全的地方，为此突击队向桥头发起攻击，但由于德军的火力猛烈，数次攻击都没有成功。眼见过河遇到困难，铁托没有下令继续攻击，而是果断地下达了炸桥的命令。德军见桥梁炸毁，以为铁托的意图不是过河，而是在此阻击德军的进攻，而且眼见铁托的部队又在快速地撤离，德军以为被铁托算计了，便循着铁托的踪迹发起追击。

其实，铁托的意图还是渡河，他只不过带着部队绕了一个圈子，然后迅速返回桥头。部队在河边立刻构筑工事，准备进行阻击。原来炸毁的桥梁还留有桥墩，这些桥墩被充分利用起来，就在上面搭建起简易的桥梁。架桥后，部队携带轻武器护送轻重伤员迅速过河，而将重武器都推到河里。部队过河后又将桥梁炸毁，彻底粉碎了德军的进攻计划。

南斯拉夫部队行动之神速出乎德军的意料，他们此时还在向山谷进攻，在合围中，德军动用了轰炸机，一番狂轰滥炸后，发现这里并没有铁托的踪影，这才发现上了当。

从这场战斗中我们不难发现，铁托的战术就体现了曲线思维的特点。部队的意图是渡河转移，但这个意图是隐蔽的，特别是在德军的进攻下还将桥梁炸毁，这就给德军造成一种错觉，而铁托的部队再趁机实施真实的渡河意图。

单从形象上看，我们就能发现这种思维走的不是一条直线，而是一条曲线，甚至还要折个弯，这常常给人一种错觉，但这并不影响它的终极目标，这道曲线或许就是它的高明所在。不仅铁托运用了这种思维方式，战争史上这样的范例还有很多。

我们再来看看和平生活中的例证。现在商品销售非常重视广告的作用，在一般的广告宣传中，商家都会不惜一切溢美之词直接宣传产品的好处，甚至让人产生言过其实的感觉，这样华而不实的宣传非常令人生厌；而聪明的商家或许就会避实就虚，他们做事表面看上去非常低调，宣传用语绝不狂轰滥炸，而是字斟句酌，给客户以体贴温馨的感觉。当然还有很多另辟蹊径的方式，都避开了正面，体现了曲线思维的特点，实现了直接宣传难以达到的目的。

全自动洗碗机的推销就是一个成功的案例。这个产品刚一问世便遭冷遇，在货架上无人问津。商家认为还是要在广告宣传上大做文章，他们利用一切可用的媒体反复宣传全自动洗碗机的功效，甚至在很多细节上也费尽了心机，但市场反应依然是冷漠的。

按理说，经过这样严谨的广告宣传，全自动洗碗机应该是深入人心了，但人们大多还保守着传统的观念，他们认为无论是大人还是十来岁的孩子，都能洗碗，一个洗碗机对他们来说是多余的，而且手洗无须做什么准备工作，而洗碗机却要做很多准备，相对于手洗显得非常烦琐。特别要说的是，全自动洗碗机在一部分妇女那里遭到了更大的抵制，她们认为自动洗碗机的出现是蔑视了她们。还有人认为机器复杂，出了问题维修起来麻烦。当然也有人表现出了兴趣，但谈到价钱后则连连摇头。

市场的如此反应让商家伤透了脑筋，无奈之下，他们只好向市场营销设计专家请教，请他们出主意，争取尽快打开市场局面，于是，一个新的方案出台了，但产品的销售对象发生了转移，他们瞄向了建筑商。

说来这似乎有些不合情理，建筑商怎么会成为洗碗机的消费者呢？这不是天方夜谭吗？但在商家面授机宜后，建筑商决定试一试。于是建筑商选择在同一地区，在环境和标准完全相同的一部分住宅里，分别进行了安置，一部分住宅安装了洗碗机，而另一部分没有安装洗碗机。结果马上就出来了，安装了洗碗机的房子销售和出租的形势非常好，而没有安装洗碗机的住宅却无人问津。这个结果让商家看到了希望，从此迎来了商机。

我们前面已经谈到了曲线思考的特别作用，这个案例也再一次说明，遭遇思维瓶颈时，我们不妨换个视角，转移一下视线，甚至绕个弯，表面上看离开了原题，其实换来的是一片新的天地。所以我们要善于变换思维模式，要看到世间一切事物都是相互联系的，都会相互影响，只要很好地把握住这些关系，就会实现脑筋的转弯，这就是曲线思维。善于进行曲线思维，我们的思路就会更宽，我们的市场也就更宽。不要担心转弯的周折，其实它所产生的效益更大，甚至会让你大吃一惊。

2 登高才能看得更远

在山区旅行，人们都会有这样一种感觉：当你在峡谷中穿行时，仰望周围耸立的山峰，会觉得天地如此之小，甚至有一种压抑感油然而生。而当你登上山顶，俯视脚下莽莽苍苍的山峦和远处的大地，又会感觉天地如此之宽广，心胸也为之开阔。

这种感觉实际上是无所不在的，在生活中，在工作中，在人际交往中，我们都会发现这种截然不同的变化。生活也像在山区旅行，也会穿行峡谷，也会登高望远，只看我们是否留意于此。在生活中遭遇困境，犹如身陷峡谷，此时断不可捶胸顿足，只要你登上山峰，就会发现生活的风景原来还是非常美好的。其实，这里给我们的启示，除了视野的宽阔，还有就是胸怀的宽广。我们认识生活、认识问题，都要胸怀宽广，要有全局意识，这样才不会被一时一地的得失左右，才会把握全局，做好全局的统筹。战争年代就出现过很多优秀的战例，那些把握全局者，不计较一城一地的得失，大踏步地前进，大踏步地后退，在运动中歼灭敌人，最终取得胜利。我们有些人在工作和生活中之所以难以有大出息，就是因为目光短浅，只看到眼前的利益得失，没有长远的规划和胸怀，这样即使能赢得眼前的微小利益，也会错失更好更大的机遇。当然，也有人遭遇一时的失利就灰心丧气，以为自己已经深陷绝境，殊不知，这或许只是你的一个小小的跟头，你的前面还有非常宽广的路。所以，无论在生活还是工作中，我们都要树立全局意识，既抓住眼前的机会，又要看到长远，为了全局的利益，甚至不惜牺牲局部利益，这样才能让自己强大起来。

这样看来，在思想上我们能否登上一个高峰，就决定了我们的人生高度，在工作中就决定了我们业绩的高度，所以，要善于在思想上让自己尽可能地站得高一些，望得远一些。那么怎样做到这些呢？我们不妨从以下几方面入手。

1.树立宏观意识、全局意识。《格列佛游记》中一些封闭的小国对外面的世界缺乏了解，认为自己是最强大的，根本的错误就在于目光的局限。其实我们中间的很多人与他们一样，甚至更加自大。在当今社会，对社会缺乏全面的了解，对市场缺乏全面的了解，对人生缺乏全面的了解，都会影响到自己对生活、对事业的认识。

2.要树立远大的目标，要有长远的规划。首先我们要承认短期目标也是非常重要的，但问题是我们要将短期目标与长远规划相结合，使其成为长远规划中的组成部分，而不能脱节，更不能因为短期目标而影响到长远目标，这样，为了长远目标的实现，在需要牺牲眼前利益时，我们才能毫不犹豫地做出牺牲。

3.对事物要有深入透彻的认识。我们有些人认识上的失误往往就来自认识的肤浅，只看到事物的表层。当然，看到表层无可厚非，人对事物的认识都是由表层开始的，所谓从感性认识开始，但最终要上升到理性认识，也就是要透过现象看到事物的本质。

4.在思想上要有高峰意识。就像前面讲的登高望远，认识问题、解决问题也有个高度问题，站得高，就能及时发现问题的症结并找出解决的办法。这需要长期的历练和学习，积累经验甚至教训，就像爬山，磕磕绊绊之后才能登上顶峰。

3 改变解题思路

我们在面对很多问题，尤其是从未见过的新问题时，会感到十分难以解决。这时，如果按照旧有的思维习惯去思考，经常会陷在里面找不到出口。这时，如果我们能换一个角度去想问题，采用一个新的思路，困境可能就会变得豁然开朗了。下面我们通过一个例子来看，改变思路能够带来多大的收获。

纽约的华尔街上，银行林立。很多精英都在这里工作，因此在这里可以领略到各种过人的见识。一天，一个衣着考究、犹太人打扮的先生来到一家银行的信贷部，表示自己有贷款需求。信贷部经理闻讯赶来，不失礼节地快速打量了一下这位先生，发现他穿着量身定制的高级西装，戴着名贵的手表，连领带夹和袖口上也镶着钻石。经理心想，今天又会有一笔大业务了。于是他高兴地问道："先生，请问您需要多少资金？我们十分乐意提供。"这时，这位犹太先生说："我需要1美元，谢谢。"

银行经理以为自己听错了，又问了一遍，得到的答案仍然是1美元。

经理感到有些蹊跷，于是继续说道：“如果要贷款，需要提供抵押和资产证明。”犹太先生表示，担保和抵押毫无问题，并从手提包里拿出了一堆债券，这些债券的价值足足有50万美元。他问经理，这些抵押是否足够。经理更加奇怪了，但是这位先生的态度很明显，他并不是在开玩笑。于是经理按照惯例对贷款条件做出说明，贷款1美元，每年要向银行支付6%的利息。如果到期偿还贷款，抵押物就会原封不动地返还。犹太先生表示同意，并且马上签订了贷款合同。

当他准备离开银行时，经理终于说出了自己的疑问：“您手里明明已经有了50万美元，为什么还要进行一笔这样的贷款呢？”犹太人笑了。他说，他今天早些时候去了其他几家银行，想要开设一个保险箱，存放他手里的这些债券。但是他发现，每家银行的保险箱都需要一笔不菲的开户费和报关费。犹太人的精明这时在他身上充分体现出来，他以这些债券作为抵押，这些就变成了银行的财产。银行自会妥善保管这些财产，而他只需要付出1美元的6%——也就是6美分，来当作报酬。这笔生意，实在是太划算了。

对于大多数人来说，都会本能地认为，要保管重要财产，就一定要采用昂贵而专业的保险措施。这位犹太先生并没有陷入这种思维定式之中，而是转变思路，从另一个方面入手，利用银行只规定借款上限，而几乎从来不会规定借款下限的漏洞，成功地省下了一大笔保管费。

我们举了这样的例子，意在说明灵活思考的重要性和必要性。在生活和工作中，谁都难免遇到难题，这时就要从多方面去思考，不要囿于一方面。固守一方很容易陷入死局，不能自拔，及时调整思路，做出新的抉择，才能在困境中寻找到出路，转败为胜，才能发现新的机会。

如何激发思考的灵活性？以下几方面值得关注：

第一，是迁移能力的培养。

这就是我们平时常说的举一反三，一种知识、一种能力，在新的情景下被运用和发挥。我们有些人学了某些知识，在这里会运用了，换了一种场合就不知所措。死记硬背的结果，往往就是这样一种局面。所以，现在教师讲课特别重视提示学生做迁移练习，避免学习的僵化。当然，迁移不是生搬硬套，而是有机地结合，是知识体系的贯通和融合，这样对提高认识问题和解决问题的能力是大有好处的。

火车制动曾经是一个大问题，特别是整列火车的制动。美国发明家威斯汀豪斯对此煞费苦心。正当他苦思冥想而找不到方法时，杂志上的一条消息让他灵机一动。消息讲的是挖掘隧道驱动风钻的方法，威斯汀豪斯从中受到启发，发明了气动刹车装置。这个例证也在启示我们思维的迁移会为我们打开一扇透进阳光的窗子，它就等待着我们去开启。

第二，就是寻找多种方法解决问题。

这个问题现在也引起了广泛的关注，比如学生在解答各类题目时，往往会按照一种思路去寻找答案。似乎在“标准答案”之外，还有一种“标准思路”在左右着学生的思维。其实，思路有多条，正所谓条条大道通罗马，标准是有，但未必就是仅此一种，教师要注意引导学生进行多向思维，灵活变通，这样遇到题目就能打开思路，一条思路不通，就立刻转移思路，另辟蹊径。

第三，在阅读上下功夫，通过阅读不同的文章培养思考的灵活性。

我们阅读文章时，一方面通过阅读增长知识，同时，有意识地揣摩作者的写作思路，对我们提升自己的思考力也是大有裨益的，因为一篇优秀的文章往往条理清晰，脉络分明，主旨突出，言之有物，等等。好的文章体现着作者创造性的思维方式，不仅在语言文字的运用上，在谋篇布局上，也有很多值得我们学习借鉴的地方。

我们既要在一个作者那里学习思维的方法，也要注意不同作者对同一题材的不同的写作形式。这也在提示我们，构思的过程也不是单一的，不是一成不变的，也有多种表达方式，这样的表达就是丰富多彩的，这样的思路就是畅通的。所以，我们提倡多读书，读好书，读经典，读书有益于我们思维灵活性的培养。

要使自己的思维真正活跃起来，除了注意方法上的培养，有意识地训练自己外，还要注意打牢知识的根基，因为任何形式的学习都要以丰富的知识为基础，只有掌握了大量的知识，有了丰厚的积累，才能在知识的海洋中畅游，才能为自己开拓出一片宽广的天地，正所谓“海阔凭鱼跃，天高任鸟飞”，知识天地的大小，决定了你的思维方式是否游刃有余。知识的广博，不仅是在自己所学的专业上，跨学科，甚至杂学的积累，都会对你的思维起到触类旁通的功效。

4　向前走还是向后走

在工作和生活中，我们都离不开思考，思考是人类智慧的标志之一。人类能够不断进步，思考起了至关重要的作用。思考是一个反思的过程，通过思考既总结成功的经验，也汲取挫折的教训，这样才能保持和发扬已有的成绩，避免曾经走过的弯路。一个人如此，一个团队也是如此。当我们完成了一项工作，都要回顾一下，做一番自我评估，哪里做得比较好，哪里还有待改进，这样的总结过程实际上就是自我提高的过程。个人如此，团体行为，国家行为，无不如此。

思考的模式是多样的，需要注意的是，我们很多想法不是一出现就完美无缺，它们开始往往是粗糙的、随意的，甚至是幼稚的。即使想法是有益的，但因为处于初级阶段，缺乏系统性，所以对解决问题还不能起到关键的作用，这样初级阶段的想法还有待提升到理性高度，加以系统和完善。聪明的人会把思考作为提升自己能力的一个过程，他不是就事论事地反思某件事情，而是通过这件事情举一反三，为今后处理同样的问题积累经验，形成一套相应的方法，这样的收获就大于一项工作的完成。

当然，有的人也许因为种种特殊原因做不到这些，比如工作不是在正常的程序中进行的，各种节点杂乱，各种关系复杂，为此他们或者没有时间去反思，或者即便做了反思却不能形成一种方法，没有系统性。但总结、反省和反思，毕竟是有益的，对认识的提高，对将来处置相同或类似问题是有帮助的，所以，无论出于什么原因，你都没有理由拒绝反思。

总结、反思乃至反省，已经被证明是有益的举措，是人们对生产和生活的经验之谈。那么，这些举措究竟有什么益处呢？首先是对记忆的强化。大家都有这样的体会，当一项工作结束后，随着时间的推移，人们的记忆会慢慢模糊，渐渐淡忘，如果适时地进行一下回顾和反思，就能帮助我们找回记忆，使那些淡化的记忆得到巩固。当然，这样做并不单纯只是找回记忆，关键是通过回忆，总结得失，不仅把经验和教训作为一笔财富好好珍藏，而且对今后的工作和生活起到借鉴和警示作用。

值得注意的是，有的人虽然也在回忆，也在思考得失，却是支离破碎的、片断的、孤立的，没有形成内在的联系，所以缺少系统性，这样的思考是无意识的或感性的。应当承认这样的思考也是需要的，但它仅仅停留在感性或无意识阶段，没有上升到理性的高度，因此是肤浅的。为了使回忆的思考更有意义，对我们今后的生活和工作产生积极的影响，我们的思考应当是有目标的、有针对性的。我们应当明确通过思考要达到什么目的，将那些支离破碎的片断勾连起来，从中发现它们之间的联系。比如，工作中我们经常要进行总结，甚至要形成报告，里面不仅要有对工作程序的再现，还要有得失的评估以及今后的注意事项，等等。这样的总结或反思就是理性的，就是影响深远的。

总结和反思还能深化我们的思想，提升我们的认识水平。我们对事物的认识往往从一开始都是感性、肤浅和片面的，这本无可厚非，但如果仅仅停留在这些表面现象上，无论我们在阅历或知识上有多少积累，我们的思想都将停留在表层而无深层的内涵，我们就会无所作为，就没有长进，就难以做出新的成绩。长此以往，就会被进步的趋势抛弃。所以，为了提升自己的能力和水平，为了工作和事业的发展，就要有意识地对表层的东西做深入的探讨，从中挖掘深刻的内涵，透过表层发现本质的东西。深层和本质的东西不是显性的，不是在丽日晴空下的，我们要去挖掘，去探索，去开拓，这也是我们进行反思的重要组成部分。

前面所说的反思的肤浅、表层，缺乏内在的联系，没有形成系统性，等等，的确是普遍存在的，而且人们乐于如此这般地认识，他们满足于一知半解和模糊认识，这种模棱两可的东西似乎无法用明确的语言文字加以表达，从这个角度再一次说明这种认识是低级的。高层的认识，必定能用明确的语言和文字加以表述，不能模糊处理。所以，我们说提升认识水平，在反思中实现自我完善，就要对这些模糊的认识进行一系列的加工，让它们变得明确清晰，让它们从粗糙的原料，变成精致的成品。这就是一个提升的过程，就是一个进步的过程，需要我们付出很多努力。

这样看来，我们已经在总结反思和回忆认知上下了很大的功夫，似乎大功告成了，但这仅仅是个开头，更重要的问题还在后面。总结反思都是对已经发生的事情进行事后的处理，工作已经结束了，事情已经告一段落了，写个总结报告交上去就万事大吉了。如果这样想就错了，我们进行反思，对工作进行总结，不是评功摆好，我们的目的其实很明确，就是要让反思去指导今后的工作，要在今后的工作中保持和发扬已有的经验，并在此基础上不断有所创新，还要在今后的工作中避免过去的教训。成绩要心中有数，挫折更要心中有数，要时刻提醒自己、警醒自己。

反思和总结是提升我们的重要环节，在这个过程中，从前那些零散的、孤立的、支离破碎的东西被联系起来，形成一个有机的整体，我们对事物的认识越发清晰，我们透过现象认识到了事物的本质所在，这对今后的工作产生了有益的影响。通过这样的思考，不仅认识了过去，也指导了未来。需要指出的是，我们要通过这样的反思形成一种机制，形成一种系统，总结出方法，将它作为一门课题，好好加以研究，这是很有意义的事情。

5　建立新秩序

我们或许都有过这样的体会，当与某人交流时，对方侃侃而谈，滔滔不绝，貌似很有口才，但我们听得一头雾水，因为对方的表述虽然信息量很大，但杂乱无章，次序混乱，逻辑不清，令人头疼。

所以，这就引出了一个新问题，就是秩序。在与人交流中，在我们独立的思考中，在对工作进行决策时，我们都需要头脑清晰，思路敏捷，这样才能提高工作效率。但这样的状态要成为一种常态，却不是一件容易的事。比如，当我们做某项研究课题时，面对那些纷繁的资料，我们的大脑常常表现得很糟，信息在我们脑子里总是处于碎片状态，不能整合为一个整体，不能发现它们之间的联系，长此以往，大脑就会消极怠工。

怎样避免这种混乱的现象发生呢？关键就是建立一种秩序，或者说一种结构，就是思维的秩序和结构。当我们面对庞杂的信息时，我们要善于将它们厘清顺序，哪些是重要的，哪些是次要的；哪些事要急办，哪些可以缓一缓。有些问题可以先从宏观上观照，再做细节的处置。这样，我们的大脑才能保持清醒，保持一个良好的状态，才能高效率地解决问题。在表述时，也就能层层深入，从现象到本质一步步加以分析，主旨清晰，富有说服力，让人心悦诚服。

建立秩序，倡导结构化，这些说来似乎并不是难事，但真正付诸实施还是要下很多功夫的。前面说过有的人在表述时虽然看似说了很多，但信息杂乱，这就是没有建立一种逻辑关系，没厘清思维的秩序，因而说者不仅自己不知所云，听者也会一头雾水。说话如此，形成文字更是如此。有些人在做工作报告时，经常长篇大论，但脉络不清，不讲究结构，这样的文章读起来磕磕绊绊，令人生厌。

能否在思维中建立秩序，这在实际工作中关系重大。举个简单的例子，老板派汤姆和皮特到一个新地方开拓市场。就要远离公司，孤军作战，要做的准备工作实在多，汤姆手忙脚乱地忙开了，他一会儿想着那里的气候怎样，要带些什么样的衣物，一会儿又想着要带的大量资料可别忘了，还有洗漱用具，足够的资金，等等，这些让汤姆头大，还没踏上行程，他就已经有些筋疲力尽了。再看皮特，他没有像汤姆那样上来就忙活，而是首先安静地坐下来，在一张纸上开列清单。他把此行所需的物品以生活和工作做了划分，然后在两个大类中再细分出若干小项，这样再做准备就有条不紊，秩序井然，很快一切准备就绪。而汤姆虽然忙了半天，好像想得很周到、很费心，但临走时还是发现一些必需的东西没有准备。

其实，类似这样的体会我们都有过，比如在旅行出发前，我们都要做些必要的准备，证件、钱、换洗的衣物、药品，还有诸如剃须刀、充电器之类琐碎的物件。有的人将这些东西一股脑儿地塞进行李箱，到了海关时又手忙脚乱地开箱找东西，而所有的东西又都杂乱无章，找起来非常麻烦。而有心的人会分清什么东西要随身携带，方便随时使用，什么东西可以放进行李箱，待入住酒店时再开箱，这样的旅行才是轻松愉快的。

归纳一下，我们会发现结构化思维能使我们的思维更加全面，更加系统化，乃至将复杂的问题简单化，这就是为什么在同样的工作中，有的人轻松自如，也有人工作起来头昏脑涨，往往是事倍功半，甚至白费力。这就是建立结构化思维与没有建立结构化思维的区别。

其次是结构化思维能使我们更好地与人沟通，让对方更好地理解我们的意图，这样就有利于我们与对方建立更好的联系和信任。

特别要指出的是，在互联网时代，结构化思维意义更深远，因为互联网所带来的信息大爆炸，呈现出的是碎片化的趋势，这个趋势还在不断地延续。如何在众多的信息中理出头绪，建立有机的体系，使信息纳入有序的行列，是我们必须首要考虑的。

结构化就像一个塑形的容器，将所有的信息收集起来，并且进行有序的排列，让它们不再零散凌乱，使原本复杂纷繁的事物有了条理性。就像我们在计算机中建立目录，首先要有根目录，在此基础上再划分出子目录。这个目录结构就如同一棵参天大树，虽然枝条万千，但都联系在一起，按照相同的结构发育成长，都牢牢地依附于主干和根基。所以，我们要保护好根基，因为它掌控着整个树木的生命。没有宏观的掌控，后面的工作就难以开展。

结构化的好处还在于在时间上的意义。结构化讲究整体意识，对纷繁的事物首先要有总体的把握，在此基础上再做细致的划分。

我们的每项工作都需要时间，都要在一定的时间内来完成。如果我们树立了结构化思维的意识，在整体把握的基础上，就能对时间做出合理的安排。这就如同我们在总体安排后，会列出各种分支，甚至更加细致地划分，这样让工作细化，条理分明，工作自然开展顺利。其实，这个秩序同时也是时间的秩序，每项细致入微的工作都会体现出一定的时间段，在规划好的时间段内完成相应的工作，就可以从多方面提高工作效率。

结构化思维不仅在工作中，就是在日常生活中也是非常有益的。不要认为结构化思维是老板和智囊团的事情，任何人都需要这样的思维方式，这种思维方式贯穿在我们工作和生活的方方面面。现在很多人已经将这样的思维方式应用于衣食住行，乃至更广泛的领域，比如图片的搜集，博客的写作，使用即时通信工具和人交流，等等，真是无处不在。如果留心，我们会发现，无论是大事还是小事，无论是工作还是生活，都被包括在结构化这个框架中。这个框架或大或小，只要我们构建好这个框架，充分利用好这个框架，我们的思维就会提升到一个新的水平，我们的工作会更加得心应手，我们的生活也会更加美好。

6 加和减不等于多和少

人类社会不断发展，生活节奏也变得快速起来。你看，每天清晨，大街上尽是匆匆而过的车流和人流，人们紧张地各奔东西，开始忙碌的一天。当代社会的生活可以用紧张忙碌来概括，工作是紧张忙碌的，午餐是紧张忙碌的，甚至上卫生间也是来去匆匆。在一天的日程安排中，工作总是排得满满的，老板也在时刻督促着你，稍有松懈，你就会担心被炒鱿鱼。休闲、放松成了一种奢望，甚至成了一种罪过。

面对这样的情景，人们不禁要问，生活和工作真的就该是这样的吗？这样的工作和生活方式是科学的吗？这样的方式值得提倡吗？答案虽然是否定的，但恶性循环依然周而复始地上演着，就像数学上的加法，只要我不停地加，结果就会不断增大，工作成果就会更加丰硕。其实，这是一种误导。就在这紧张忙碌中，一些精英人才过劳而死，以他们的才华，本来可以为社会做出更大更多的贡献，遗憾的是不当的工作和生活方式扼杀了他们的生命，也扼杀了他们的才华，想来这对社会是个巨大的损失，也是得不偿失的。

其实，很早以前就有句名言，叫作不会休息的人就不会工作。这个理念之所以没有得到有效兑现，是因为实际上人们将休息和工作对立起来，没有发现它们之间的内在联系，似乎一说休息就是好逸恶劳，就是偷懒，就是不作为，而时刻都在紧张忙碌中，工余也在劳作，假日也在加班，这似乎才是我们应该追求的美德，以为只要自己不停地劳作，就像不停地做加法，结果就会增加数字，而休闲就像做减法，越做数字越少。正是观念认知上的差错，导致了我们不能科学地生活和工作。好在当下越来越多的人认识到了问题的严重性，观念上正在发生转变。那么，我们应当怎样做，才能保护好我们的机体，保护好我们的生命，才能既提高我们的生命质量，又提高工作效率？

我们说劳逸结合，其实这都是老生常谈的话题了，但常谈常新，总有它的道理。只劳不逸不行，只逸不劳也不行，两者缺一不可。过去我们虽然也讲劳逸结合，但更偏重于劳，而逸是从属的，处于次要地位的，必要的时候是可以牺牲掉的。而当下我们更关注的是怎样安逸一些，要为安逸正名。可能有人会说，我实在忙，没时间安逸。其实，你还是怕因此耽误了工作。我们需要明白的是，适度的休闲，不仅不会耽误工作，反而会使你积聚能量，缓解疲劳，恢复体力，这对你后续的工作岂不是更有益处？这样的休闲也不一定会花上很多的时间和精力，我们可以利用一些时间间隙放松自己，比如在等待文件传输的时刻闭目养神；工作一段时间后，起身眺望窗外。如果可能的话，去公司的咖啡屋喝杯咖啡，下班后逛逛街，欣赏一下新潮商品。

一些人觉悟了，他们开始起身去放松，去眺望，去喝咖啡，去踢球，去自娱自乐。但是，就在此刻，手机铃声响起，短信来袭，微信在召唤，老板在等待报告，员工在等待部署，朋友在期待聚会……一切的一切又都在追逐着你。你摇头，你叹息，你分身无术。突然，你灵机一动关闭了手机，瞬间，一种难得的幽静弥漫在周围，久违的休闲的感受终于涌上心头。

当你亲身体验到休闲放松带来的精神愉悦，请你一定保持住，并形成一种习惯，比如，给自己规定每天按时休息几次，到了规定的时间就放下手里的工作，长期坚持就能形成习惯。休闲方式的选择可以因人而异，时间也根据具体情况而定，比如，有的人下午容易困倦，那么就在下午多安排一下休息的时间；上午精神饱满，可以多安排一些工作，紧张一点。

休闲的方式五花八门，我们之前也提到了很多，比如闭目养神，眺望远方，喝咖啡，聊天，等等。在节假日，我们可以做更充分的放松，和家人一起去旅游，在不同的地方领略青山绿水，这会让我们的身心得到更大的愉悦。当然，每个人的兴趣不同，休闲方式不能一刀切，有的人喜欢在运动中放松，有的人喜欢在安静中放松，有的人去打球滑冰，有的人去唱歌跳舞，有的人在画室中安静地描摹……只要是自己喜欢的，适合自己的，无论做什么，只要能让自己的身心得到休息，只要能通过这样的过程让自己积聚能量，能以更饱满的精神和体力去迎接明天的工作和生活，我们的目的就达到了。这就是从减法中获得了加法的神奇功效。

我们发现那些经过休闲的人变得精神饱满了、愉悦了，心胸也开阔了，从休闲中，他们更加感受到了生命的宝贵，感受到了休闲对今后生活和工作的意义。于是，他们将休闲制度化，规定了每年的旅行计划，业余时间，他们发展个人的兴趣爱好，让生活丰富起来，让精神愉悦起来。还在等待观望的人，应该赶紧行动起来，为自己制订一个休闲的计划，无论是居家休闲，还是远涉重洋；无论是当一个观众，去欣赏他人的精彩表演，还是自己亲身体验舞台灯光的炫目，只要是你喜欢的形式，你都可以尝试着去做，你会从中找到无穷的乐趣。看到那些头发已经斑白的老人了吗？当他们参与到各种娱乐活动中，享受到了精神的愉悦，就像找回了青春，找回了童年，他们的晚年生活也因此而精彩。

如果前面所说的生活形态都是你不喜欢的，你依然可以选择别的休闲形式，甚至另类的形式。什么是另类的形式呢？过去我们经常用“无聊”一词形容无所事事的精神状态，其实，在当代快节奏的社会形态下，在忙忙碌碌的社会生活中，我们还真需要时而无聊一些，那时，我们撇开了所有的工作，撇开了所有的应酬，把我们的大脑腾空，我们去静坐，去发呆，去无所事事。过去为人们所诟病的消极情绪，如今是一种难得的减负形式，减轻精神上的压力，让我们充分地放松。当你真的进入无聊的状态，或许你会感到自己进入了一种境界，你看那些静静地坐在海滩上的人，望着水天一色的远方，无论他们是在冥想，还是什么也不想，都是一种享受、一种休整，当他们重新回到各自的工作岗位，会更加精神焕发，精力充沛。

7 保持旺盛的好奇心

一直以来，人们对好奇心有一种误解，以为好奇心只是儿童的专利，因为儿童阅历浅，见识少，对什么新鲜事都好奇，都想弄个明白。对于儿童的好奇心，人们一般也不是都抱有肯定的态度，孩子问得多了，认为孩子多嘴多事。但事实证明，好奇心是非常可贵的品质，许多孩子就是在好奇心的驱使下发奋学习，日后才有所成就的。

无数的事实证明，好奇心对我们的思维是有益的。一个没有好奇心的人，对世间万物无动于衷，不愿思考，不思进取；而一个具有好奇心的人，对什么事物都要问个为什么，甚至要弄个水落石出，在学习上，这表现为求知欲，在工作中，这表现为进取心。孩子们仰望星空，那神奇缥缈的星空激起了他们的好奇心。实际上，成年人也一样，他们也有着孩子般的好奇心，星空不仅让孩子们心驰神往，也让成年人历尽艰辛去探索。没有好奇心，就不会有文明的进步，就不会有社会的前行。许多伟大的发明创造，都源于最初的好奇心，牛顿从苹果落地发现了万有引力定律，这就是一个典型的案例。

学习和工作实践证明，好奇心不仅对学习和工作起着促进作用，同时，学习的进步和工作的业绩也反作用于我们，使我们萌发更强烈的好奇心，因为随着学习的进步，随着工作的进展，我们的好奇心会越发加重，这就督促我们去探索更多未知的世界，去解答更多的奥秘。这样看来，好奇心不是偶然的和一过性的，我们要善于培养自己的好奇心，爱护好奇心，让好奇心持久地延续下去。这就会形成一个良性循环，我们就在这良性循环中不断由浅入深，发现和解决更多的问题，不断向更高的境界攀登。

我们这样推崇好奇心，它究竟有哪些好处，对我们个人和事业到底有什么积极作用呢？

好奇心可以对我们的人际关系产生积极的影响。在这一点上，缺乏好奇心的人，人际关系比较淡漠，他们对其他的人和事因为缺乏好奇心而缺乏了解，所以，他们一般对社交活动表现出淡漠甚至抵触的情绪，他们生活在自我封闭的小圈子里。而好奇心强的人则通过人际交往获取更多的信息，吸收更多积极的影响，通过与人的交往发现自己的不足之处，这样就能纠正自己、完善自己。

好奇心对我们的大脑能起到一种保护作用。当下老年痴呆症发展迅速，为了防止和治疗这种疾病，人们开始注意锻炼自己的脑力，延缓大脑机能的衰退。人们使用的方法很多，都是为了激发大脑的活力，其中就有好奇心的作用。老年人保持一颗好奇心，培养自己的兴趣爱好，就会让大脑活跃。我们看到很多老年人在退休后开始了人生新的学习阶段，他们通过各种形式的学习，不仅让自己掌握了一技之长，更重要的是唤醒了大脑的活力，使头脑清醒，精力充沛，生活质量得到提高。这就像我们给干旱的土地浇水，让它保持活力，它就能生长万物。

在快节奏的社会生活中，人们普遍感到焦虑情绪的干扰，许多人陷入了焦虑的怪圈而不能自拔，如果能保持一颗好奇心，我们就能及时避免焦虑情绪的发作，好奇心能让我们转移情志，避免焦虑干扰我们正常的思维和生活。

好奇心能帮助我们主动积极地学习。不仅对于我们的学生，对于我们的子女，就是我们成年人本身，好奇心也是良师益友，它能使我们终身受益。前面我们已经讲过，许多孩子的成长都离不开好奇心，他们由好奇而感兴趣，由感兴趣而形成爱好，由爱好而形成专长，而有所成就，其根基都建立在一颗好奇心上。所以，培养好爱护好好奇心是至关重要的，对个人的成长，对事业的成功，都是意义深远的。当然，好奇心不仅属于学生时代，希望大家都能保持好奇心，让好奇心在工作中继续激活我们的创造力，继续督促我们为社会的进步而努力。

好奇心会让我们的精神愉悦起来。生活中有些人总是精神萎靡不振，他们不思进取，无所事事，对什么都缺乏兴趣，觉得生活是寡味的，生活是平淡无奇的，生活是无聊的……这样的人实际上都缺乏一颗好奇心，他们因为对生活缺少了兴趣，缺少了好奇而陷入无聊之中。从这里不难看出，没有好奇心的境遇是令人失望的，甚至是可怕的，因为少了好奇心，有的人精神萎靡甚至痛苦，以致陷入抑郁之中，甚至产生轻生的念头。所以，我们要呼吁人们立刻找回自己的好奇心，让好奇心激活自己，激活我们内心对生活的美好向往。

好奇心能让我们永远保持年轻的活力。我们都知道，好奇心始于孩提时代，那是一颗懵懂的心，虽然在孩子眼中未知的世界充满了奥秘，是一道又一道等待解答的题目，但就是这些问题激活了孩子的心，这颗心是清新勃发的。所以，保持一颗好奇心，就是保持了蓬勃的生命力，就是保持了青春的活力，就能让我们青春常驻。

好奇心让我们勇于探索人类未知的世界。许多人喜欢冒险，这也源于他们的一颗好奇心。我们当然不提倡用生命去做赌注，但探索未知世界，探索人类未解的难题，对此我们应该有一种责任感。这就要求我们用一种科学的精神去探索，而不是莽撞地去兑现好奇心，那是愚昧的，是对好奇心的亵渎。对好奇心我们要有一种敬畏之心，在生活和工作中用好好奇心，就要科学有序、严格周密。比如，在探索宇宙奥秘的实践中，科学家就要力争做到万无一失，绝不容许一丝一毫的差错。从这个角度讲，我们既要爱护好奇心，也要修护它。爱护就是精心地培养和保持，而修护就是对好奇心的及时纠正，因为好奇心不是盲目的，不是随心所欲的，如果不加限制和约束，好奇心就会失之偏颇，甚至造成危险。所以，对好奇心我们不是持无条件一味盲从的态度，相反，是有条件的。这样的好奇心才是我们提倡的。

激发你的想象力

提起想象力，首先我们要为想象力正名，因为总有人认为想象力是不切实际的，甚至是一种妄想。实际上，想象力是一种创造力，只是它与我们通常所说的创造力有所不同，因为想象力的创造性有它的特殊性。缺乏想象力的人，一般表现为视野狭窄，对任何事物都缺少联想和想象，他们只看到和想到眼前看得到摸得着的东西，而对于将要发生的事物则不闻不问。他们只是被动地接受事物，不去展望未来，不去积极地为未来创造条件。这样必然妨碍自己的进步，对工作和事业也会产生消极负面的影响。

想象力是个什么东西呢？它有着怎样的魅力让我们去探知呢？我们首先要明确一下想象力和记忆力的区别。在生活和工作中，我们许多人都遵循着一定的规则，按照一定的条文按部就班地生活和工作，这样，只要他们能熟记那些规则，熟记那些条文，就是忠于职守；在居家生活中，我们要使用各种家用电器，我们要按照操作指南使用电器；在校学习的学生，要熟记各种公式；等等。所有这些都要求我们去记忆，甚至要牢记，不能有一丝一毫的差错。所以，我们很多人都在努力去记忆，想方设法去提高自己的记忆力，有关提高记忆力方法的读物也出现了很多。

可见，记忆力是非常重要的，我们离不开记忆。但应当指出的是，所谓记忆，那是在有了现成答案的基础上去做记忆，是对已知的记忆。而在生活和工作中，有很多东西是未知的，它们没有现成的答案，而是需要我们去探索，需要我们去寻找答案的，需要我们找到答案后传播给更多的人去记忆。比如一个新项目交给你去组织完成，你在完成这项工作的过程中要采取一系列的措施，比如借鉴已有的经验，但如果是一项全新的工作，以往的经验又十分有限，甚至没有相关的经验可供借鉴，你就要用心独立思考了，这其中就包括做出一系列的想象，在大脑中构思大致的轮廓，并对想象进行评估、纠正和完善，使之合理化。这种思维方式在任何时候都能起作用，能够影响生活的方方面面。

面对一件新事物，我们的第一个反应就是想象，尽管这个想象最初是模糊的，但随着我们根据经验、根据思考、根据实际操作，这个想象就会逐渐清晰起来。比如，仿生学已经非常发达，它的原理就是设计者在设计产品时，展开丰富的联想和想象，不仅从外观上，也从内部结构上、从运行原理上，对产品和仿生对象做比较。在设计过程中，设计师如果没有丰富的想象力，他的方案就会平淡无奇，作品就是平庸的，而那些为世人所称赞的作品，以建筑为例，就充满了设计者丰富的想象。他们把自己的想象赋予作品本身，使作品充满了灵动，赋予作品以灵魂。我们说，如果一个建筑设计师没有自己的想象，仅凭前人的经验，照搬前人的设计方案，那样的作品只是复制前人，没有自己的风格，这样就根本谈不上设计，更谈不上创新。好在人类文明的脚步没有停止，从古至今，许多设计大师充分发挥了自己的想象力，为我们留下了宝贵的遗产，值得我们永远珍惜。

在战争时期指挥作战也需要发挥丰富的想象，一个指挥官在战前要对敌我双方的态势以及战斗能否取胜做出评估，这其中就要发挥丰富的想象力，要对敌方阵地、兵力部署、武器装备等做出侦察，根据侦察的结果做出分析判断。从战略的高度讲，我们甚至要设置出假想敌，对双方的战略态势做出评估。如果战前不加分析，盲目地去开火，那么战斗的结果就难以想象。一个优秀的指挥官，他的智慧不仅表现在血与火的战场上，更表现在战前的谋划上。战前谋划周详，才能取得战场的主动权。而从战略的高度去发挥想象力，就更是关系大局，甚至关系国家的命运了。

实际上，想象就是一场预演，而这个预演的舞台就是自己的大脑。这样的预演运行起来很快，而且不需要什么成本，是很划算的。比如画家在下笔之前都要做一番构思，为画面做好布局，这样才能做到心中有数。如果不加思考就下笔，很可能中途会发现布局乱了，重心偏移了，透视感觉错了，画面不是太满就是太稀松。总之，有经验的人在下笔前都会在自己头脑中的那块画布上做一番演练，等到心中有了把握才会下笔，这时也就非常潇洒轻松了。

具有丰富想象力的人，对事物的反应也是极为迅速的。比如在战场上，优秀的指挥官会根据战场态势及时做出预判，对兵力部署及时做出调整。如果发现战场形势对己方不利，他们会及时撤出战斗，保存实力；如果发现于我有利，他们会及时出击，扩大战果。

当然，在当代高科技时代，人脑似乎也在接受挑战，比如计算机的运行速度远远超过人类大脑的思维，有人因此断言，人类的大脑要成为计算机的手下败将。应当承认，计算机确实有人类不可替代的强大的功能，但人类大脑的想象功能却是计算机无法实现的。计算机只有在预设的程序下才能发挥强大的功能，没有程序设置，计算机就会无所作为。人类的大脑却可以在没有任何程序设置的情况下充分发挥自己的想象，也就是可以同时运用无数个神经元去思考问题，而计算机则是单一的。

当然，人类的想象力也不是凭空就有的，它需要丰富的知识储备，需要长期的经验积累甚至教训的总结。没有这些，人的思维就是空洞无物的，就不能激活丰富的想象力。但知识储备、经验积累以及教训的总结，所有这些都不能代替想象力，它们只是想象力的前提条件。需要指出的是，有了知识储备，甚至学识渊博，并不能说明想象力就丰富。有的人尽管学问不浅，但思想保守，他的丰富的知识储备并不能为他展开想象的翅膀，甚至认为想象是荒唐的，所以，这种人对新生事物总是抱着怀疑甚至否定的态度。特别需要注意的是，所谓知识，是在不断更新的，旧的知识也许在当时当地是有用的，是有益的，但随着时代的进步，也许就会变得无用甚至妨碍社会的进步了，所以，人类要想展开想象的翅膀，就要不断更新知识储备，对那些不利于社会进步的知识要有清除的勇气，只有这样，想象力才会丰富起来，才会精彩起来。

9 不要按常理出牌

进入现代高速发展的社会后，人们似乎有了很多的不适应，无论是生活形态还是社会节奏，都让人有些焦虑的感觉。的确，社会发展得太快了，可这不正是人类一直所期待的吗？造成这种不适应的原因其实并不在社会形态本身，而在于我们还在用旧眼光看待新形态，用老方法去应对新挑战。这样做当然跟不上时代的步伐。物价在变，银行的利润在变，文化的形态也在变，我们对此不能熟视无睹，而是要正视新变化，并且接纳这种变化，这样我们才能适应新的社会形态。

比方说，当下一些企业在市场竞争中步履维艰，甚至在竞争中败下阵来，这样，失业就成了一些人面临的现状。有的人还在按照过去的观念等待救济，或者吃行业的红利，但这毕竟不是长久之计，红利期肯定会逐渐衰退的。如果转变观念，以积极的心态应变，就会努力寻找新的出路，这样的结果不仅会转变失业带来的窘境，甚至会因此找到更合适的岗位，赚到更多的钱，让坏事变成好事。

再比如转变和更新观念对产品销售的作用。一个产品去年的销售情况很好，但是如果今年还是用去年的观念和方式去推销，就显得有些落后了。我们首先要对市场行情做个调查，研究一下消费者对这个产品的使用有什么反应，有什么新的需求，根据消费者的新需求对产品做相应的研发，并制订新的推广销售方案。没有这样灵活应变的态度和方略，市场就会在我们手中逐渐被他人占有。

可见转变思路就是要出新，不能固守常态，不能等待和观望。有一种很新颖的思考方式，就是将所有行业规则都列出来，但不是按照规则去做，而是向后转，朝着和规则相反的方向走。当你遇到难办的事，人们提醒你此路不通时，不要泄气，想方设法总会找到出路。所谓创新，就是变不可能为可能。

但转变观念不是容易的事，人们的观念很容易被传统束缚，他们认为经验是宝贵的，过去有用，今天也有用，将来也适用。在这种观念下，他们不愿接受新事物，当旧观念与新事物发生冲突时，也是从旧观念出发，对新事物加以否定。所以，对于新事物、新思路，要想让人们都顺利接受，还要做很多工作，在创新的路上，要想干出一番成就，有时就要顶住一定的压力，甚至要甘心孤军作战。

有个典型的例子，说的是日本的“大便”餐厅。这个名称初次看了就让人恶心：餐厅和大便怎么能掺和在一起？但观念的转变却使这种模式被消费者接受，而且火爆起来。原因何在？人们对用餐的选择除了食物的色香味以外，环境的独特和新颖也是吸引消费者的重要因素。“大便”餐厅策划者就抓住了人们的这种心理，想出了一个风险很大的点子，经过小范围的测试和用户直接的反馈，方案得到了验证，被认为是可行的。这个例子非常另类，是否值得提倡，我们不加评判，但大胆策划，敢于创新，这种意识却是值得肯定和提倡的。

创新和特立独行也有个深度问题，也就是要想标新立异，就要深入思考，思想要超前，头脑要转弯，既正向思维，又反向思维，直至出奇制胜。思考得越深，创意就越新；思考得浅显，创意也就肤浅，甚至达不到出新的目的。在当代社会，竞争已经进入白热化阶段。竞争的焦点在哪里？不在于谁的资金更雄厚，谁的条件更优越，而在于创新能力，谁的想法更新颖，谁就能在竞争中取胜，即使底子薄，资金有限，但只要敢于创新，就能在强手如林的竞争中脱颖而出。这样的成功案例有很多，这样的企业由小变大，由弱变强，走的就是创新成功的路。于是，创新成了当下一个引人关注的话题，变为通往成功的一把钥匙，人人都希望自己手中也能攥上一把这样的钥匙。那么，怎样才能形成创新的思维方式，怎样才能拥有一把这样神奇的钥匙呢？

首先，创新思维要有目标，有针对性，要有明确的需要解决的问题。既然大家都在创新，那么，就要对市场做一番调研工作，看看别人是否也在思考同样的问题，是否已经有了解决的方案，他们对问题的思考有什么特点，有什么出新之处。在此基础上审视自己的方案，看看自己的优势在哪里，自己的弱点在哪里，避开与他人的雷同之处，寻找新的亮点。另外要善于发现那些最常见而又最易被忽略的地方，因为那些地方也是最易出新的地方。要敢于打破常规，挑战不可能，就像日本“大便”餐厅的创意，不一定仿效，但那种挑战不可能的精神还是值得肯定的。

我们再来看一个案例。有个小村庄交通不便，村民生活一直很贫困，甚至处于原始生活的状态。如何使村民改善生活，过上现代化的日子，很多人绞尽脑汁。如今是商品化的时代，能否想法卖些什么？但这个村子实在没什么可出售的。贫困成了一道天然的屏障。这时，有位有识之士脑筋一转，觉得可以在这个村子的贫困上做文章。他发现这里的生活状态和都市形成了巨大的反差，都市的人们因为厌倦了喧嚣，都希望能返璞归真，很多人想尽办法尝试着回归自然。于是，这位先生对这个村子做了这样的规划，让村民模仿原始人的样子在树上搭起了树屋。消息很快传出，吸引了大批来自都市的人群，他们纷纷要体验一下这样的生活方式。随着来体验的人越来越多，村里的收入大幅增加。为了发展特色旅游项目，村里盖起了漂亮的餐厅，还有旅馆，交通也得到了改善，车辆可以开进村子。但这样一来，游客反而少了，原来，游客来此的目的就是体验原始的生活状态，现代化程度高了，反而淹没了本来的特色。

这是一个非常生动的案例，我们从中可以看出创新思维的成效，创新就要敢于想人之不敢想，甚至在“禁区”里找出路，在不可能中找可能，在绝处逢生，甚至置之死地而后生。当然，村子后来现代化的整修虽然无可厚非，但应该在保持本身特色的基础上进行，不能喧宾夺主，不能让“原始”的特色淹没在现代化中。这一点值得我们关注，不能让创新思维的成果前功尽弃。

Chapter 6

挖掘头脑的潜力

1 为大脑画一张地图

我们从来到这个世界上开始，就在一直不停地从外界接收信息，学习知识。这些学到的知识会在脑海中储存起来，就好像电脑中的硬盘一样。当然，人脑的信息存储量更大，读写速度也更快，哪怕最先进的硬盘都无法比拟，或者说，人脑就是一个无比强大的服务器。因为头脑中的信息越来越多，因此在使用的时候，大脑往往要经过复杂的运算。而思维导图这种方式能够让思考的过程大大简化，让大脑直观地意识在哪个节点该调取哪些数据，进行何种思考。因此，思维导图能够让记忆存储和知识结构变得更加便于管理，提高工作和思考的效率。

我们在思考时可以应用思维导图的方式来更加直观地了解大脑是如何运作的。思考的时候，大脑的各个部分要协同作用，看起来是放射状的。思维导图能够让这种放射状的思维变得直观易懂。大脑在接收和处理信息的时候，每个信息在某一时刻都会作为思考中最主要的部分，它会成为一个中心，向四周发散。发散出去的这些信息彼此连接，连接点可能又会成为下一时刻的思考重点。这种情况不断地在脑海中循环，所有的信息都连成一片。这个成系统的信息框架就成为你的记忆和知识储备，你所知的一切都保存在这里。

那么，思维导图究竟是什么？它是由什么构成的呢？简单来说，思维导图是为思维做出总结和理顺的工作，能够让思维的过程被我们“看到”。我们在思考的时候，要同时用到左脑和右脑。这两部分负责的东西是不一样的，其中左脑主要负责处理数据、文字等具体直观的东西，主要应用的是逻辑思维；右脑主要负责处理图像、颜色以及想象力等较为抽象的东西，主要应用的是情感思维。思维导图能够把这两种思维结合起来，让思维更加清晰，处理问题的效率更高。在思维导图上能够明确地看到左右脑的分工，用不同的颜色标明哪个部分需要使用大脑的哪个分区，这样能够让左右脑实现联动，在逻辑思维和情感思维中搭建起一座桥梁。因此，思维导图是一个强大的工具，能让大脑被更加充分利用，实现更平衡的发展。

自从思维导图这种工具出现之后，很多人用它改善了自己的思维方式，生活也发生了积极的改变。在生活和工作中的几乎所有领域，我们都可以应用思维导图来发挥作用。无论是学习知识、准备考试、写作论文，还是在工作中制订计划、具体实施乃至最后得到结果，思维导图都能发挥作用。

那么，我们该怎样具体地使用思维导图呢？在开始思考之前，你应该把所有需要掌握的信息和注意的事项都画在一张纸上。这些信息组成一个树枝状的结果，彼此连接，每个树枝上都是关键信息，每个连接点都是需要注意的问题。这些信息可以按照不同的颜色归类，分别对应大脑中的各个处理区域。这样一来，你就能在纸上模拟大脑的思考过程，并且对思考加以引导。你能够对着这张图更加直观地思考，让整个大脑同时开动，极大地开发大脑的潜力。这样的思考方式会带来更多创新和奇思妙想。很多世界级的大公司都鼓励员工使用这种方式来进行思考，其中包括各个领域的顶尖公司，例如IBM、通用汽车以及波音公司等。在投资银行领域，为了处理纷繁复杂的数据，除了依靠强大的计算模型，也需要使用思维导图来帮助思考，摩根大通和高盛能够证明它有多大作用。在很多国家的教育领域，思维导图也被用来提高学生的思考能力，充分发掘他们的潜能。

我们可以通过一个例子来证明思维导图有多大的功效，它不但能让你产生更多创造力，还能让你知道，你本身的潜力是无穷的。你可以随便思考一件事或者一件东西，这不需要冥思苦想，而是随便想些什么。比如你面前有一个苹果，你就可以根据这个苹果画一个简单的思维导图。这张图的中心就是这个苹果，然后你可以从中分出几条分支，比如说3个，然后开动脑筋，给这3个分支都填满内容。这样一来，你就从一件事物中得到了3个信息，能够带来3个可能的结果。随后，你可以在每个分支上再画出3个分支，再次发挥想象，填满内容。只需要一会儿工夫，你就得到了9个结果。

每个节点上的信息都能够再次加以发散，这将会让你得到的结果呈几何级数增长。事实上，如果你愿意，这种想象的发散几乎是没有穷尽的。这里需要注意的是，每个节点再次发散出的结果，并不一定和发散到这个节点之前的原点有关，不要让你的思想受到束缚。比如说，你可以从绿色想到邮筒，又会从邮筒想到信件，但是绿色和信件之间没有任何联系。你会发现，眼前的世界是如此广阔，任何东西都无法阻挡你的思考。

当学会了利用思维导图，你就会发现思考原来并不是一件多么复杂的事情。你会变得更加自信，对解决任何问题都充满信心。同时，你的想象力也能得到极大的开发，想出一个新点子对你来说将不再是什么难事。你还能通过思维导图，在看似毫无关联的两件事物中找到联系。你会成为比自己想象中强大得多的人，因此不会再为完不成任务或者解决不了复杂的问题寻找借口。因为你知道你的潜力巨大，总会想出有效的解决办法来的。

这种创造性的思维将会带来一个良性循环，你会从一件事情推导出另一件事情，通过一个事物了解另外一个事物。你的知识储备和记忆结构也将因此得以扩展，大脑也会变得更加活跃。这样的联想能够产生十分积极的作用，不仅能让你在自己所在的行业和领域内有更多收获，还会触类旁通，对其他领域的知识也有所了解。这就好比当你知道一件事情发生的概率之后，要做的就是增加基数，提高它发生的可能性。

现在我们来对思维导图做一下总结。思维导图是一种能够被我们时常应用的强大工具，能够让思考和学习变得效率更高。很多优秀的公司以及很多国家的教育领域都在使用它，并且取得了很好的效果。思维导图是如此简便和易用，以至于你在任何场合，无论是在工作中还是生活中，都能够毫无压力地使用。它会激发你的创造力，让你通过一件事情得到更多结果。无论你是要制订计划还是要完成某件工作，都可以应用思维导图得到最符合要求的思维路径。思维导图能让你从整体上思考整件事，使你能够从全局的角度出发，在起点和终点之间找到一个最优路径。它能极大地拓宽你的知识面，丰富你的记忆储备和知识体系，让你享受到思考带来的极大快感。最后，思维导图能让你的大脑变得比你想象中更加强大，带领你成为轻松和高效思考的人。

2 释放思维的潜能

一个人的所有外在表现和内心活动，都取决于他的思维。思维能力强的人，通常就会成为我们所说的“聪明人”，或者说充满智慧。但是一个人的思维能力并不是完全靠天生的，而是可以通过后天的训练来得以加强。或许你也不知道你到底能达到什么程度，所以尽管释放你的潜力吧，让思维更上一层楼。

在思维活动开始之前，需要进行一些准备工作，其中主要的是心理准备的过程。首先要让注意力集中起来，开始关注你需要进行思考的对象；之后要进行积极的心理建设，忽略那些可能会给思维造成干扰的因素；最后要让头脑保持活跃，准备好开始工作。这个心理准备的过程与每个人的心理状态和特点有密切的关系，因此做好准备的时间也会有所不同。因为每个人的心理节奏通常是固定的，不能强行加以改变。你还可以自己注意找准时间，在心理状态最为积极的时候开始思考，这样就能事半功倍。

思维的快慢也是因人而异的，同时还会受到很多其他因素的影响。思考者所处的环境是其中一项关键的因素。有些人在压力很大的情况下会非常紧张，头脑一片空白。但是有些人却正好相反，压力越大，就越是能够超常发挥自己的水平。有些人在情况紧急的时候能够迅速做出反应，另一些人则需要按部就班地进行准备。这些都取决于每个人自身的特点，不能一概而论。

思维就好像音乐一样，也是有律动和节奏的。或者说，思维就是我们的大脑演奏出的音乐。因此，只要能找到合适的韵律，思维就能更好地被激发出来。尤其是当你进行艺术或者人文领域的思考时，韵律能够带来的改变会尤为明显。科学和艺术是相通的，在恰当的韵律中，你的创造力将得到很大的提高，得到更多富有创意的成果。

当你在思考问题时，你身边的环境往往会对思考的品质产生很大的影响。当你认为周围的环境很舒适时，你的思维也会更加活跃，效率也会更高。你会思考得更加深入和全面，得到的结果也更好。相反，如果环境让你感到十分紧张，或者出现了紧急状态，你的思维就要匆忙上阵。这时候你没有足够的反应时间，因此你的直觉将会发挥作用，让你的大脑开始飞速转动，找到解决问题的办法。但是这需要一个前提，那就是你平时要训练自己的应变能力，这样才能在紧急情况下发挥作用。

每个问题需要的思考方式是不同的。有的问题需要一个人思考，并独自得出结论。这个时候不需要和他人进行讨论，其他人的意见不但不利于完成思考，还会给思考者造成影响。在进行需要创意的工作时，可能需要独处，要和外界保持一定的隔绝，甚至需要一个相对封闭的空间。当你的外界没有了任何干扰，内心也达到一种平和宁静的状态时，可能就会产生平时想不到的奇妙主意。因此在很多地方，都有这种为静思服务的场所。它们可能位于一些人迹罕至的地方，也有的处于宗教场所。在这里，你可以尽可能地放松，享受独处和思考的快乐。

当你在一个地方独自思考，会感觉到时间的流逝。你将沉浸在自己的内心世界中，思维开始变得灵动起来。最开始你可能会觉得脑海中空无一物，但是随着时间的推移，一些新奇的想法会自动出现。这时你就会体会到一个人思考是多么有意思的事。

有些问题则必须集思广益，充分考虑所有人的意见。每个参与讨论的人都会贡献出自己的想法，之后再进行分析和总结，最后得到最好的解决办法。头脑风暴就是集体思考的一种常见方式，并且能够起到非常好的效果。

需要进行这样的集体思考时，参与讨论的人应该有秩序地组织在一起。这些人要明白，在讨论过程中虽然可能发生一些争论，但是争论的本质并不是要争出谁对谁错，而是为了更好地解决问题。明白了这一点之后，才能开始讨论。每个人都应该畅所欲言，没有什么限制。所有意见都会被听取，但是不会当场评判错与对。在这种自由和宽松的气氛中，每个人的创造力都会被积极地调动起来，产生出乎意料的观点和想法。

我们现在可以看出，在思维之前做好准备是十分必要的。除非在紧急情况下，我们在思考之前都要尽量做好心理准备。当你的心理建设工作做得十分严谨，在思考时受到其他因素的干扰就会减轻。你会更专注于思考问题，考虑的各种条件也会十分周详。经过这样的思考得出的结论，往往会更加准确和全面。

我们之前已经说过，从出生开始，我们就不断地接收外界的信息。但是也有人认为，信息并非完全来自外部，而是和我们的思维密切相关。我们之所以会掌握信息，是因为有外界事物通过各种感官和直觉在大脑中形成了投影，大脑因此做出的反应，就体现为各种信息。因此，当你获取信息的时候，实际上是你的思维在发挥作用。

如今是一个网络十分发达的信息时代，我们周围充斥着各种信息。我们前面已经说过，要用批判性的思维方式来鉴别这些信息的真伪以及是否有用，但是还有一个更大的问题，那就是这些信息只是你“看到”的而已。它们或者来自系统的自动推送，或者来自使用搜索引擎进行查询的结果。其他人看到的和你看到的没有任何不同，因此这种信息对你来说没有什么特别的帮助。只有当你对这些信息进行思考——无论是单独思考还是把几条信息当成一个整体思考，并加以分析之后，才能得到真正属于你的信息。要想做到这一点，除了使用批判性的思维剔除那些不需要的东西之外，还要学会对所有事物都保持热情。

举例来说，如果你没有汽车，并且也没有购车的意愿时，大街上的汽车在你看来都是差不多的，只有轿车、SUV或者MPV的区别。但是一旦你把购车事项提上日程，你就会注意到你想要购买的那种车型、那一款车。你会发现这款车在街上出现的频率变高了——其实完全没有变化，还会认为它比其他车型更好，更加适合你。你会了解其他车辆，并和你想要购买的这款车做对比。你不但会发现这款车的优点，还会清楚地知道它的缺点。你将在心里权衡这些优缺点，最后对你是否购买提供一个参考意见。

上面这个例子就说明了关注是如何产生的，以及它的必要性。由此我们可以知道，不但是在购车或者做任何你感兴趣的事情时需要关注，平时要对所有事物都抱有关注。这样一来，你会发现世间万物存在很多关联和不同。你要学着去了解这些异同背后的原因，总结出规律。如果你对外界不理不睬，那么它也会选择忽视你。因此，如果你能形成自己的世界观，那么无论任何信息进入你的大脑，你都能把它们转化为对自己有用的信息。

3 开发你的右脑

如果你见过人脑的解剖结构，就会发现它和核桃之间有着惊人的相似性。我们的大脑分为两部分，通过神经连接在一起，形成一个整体。在过去，人们一直认为，无论思考什么问题，都要用到整个大脑。直到20世纪60年代，美国科学家在对癫痫病人进行病理分析时，才发现原来左脑和右脑分别控制着人的不同思维。

通过研究发现，我们的左脑和右脑存在很大的差异。左脑负责的是与数据处理有关的工作，逻辑性很强，善于对外界的信息进行分析。在处理这些信息的时候，左脑会严格按照信息出现的顺序进行。因此，如果你想要一个事情优先被处理，那么最好先看到它。人类与动物的显著区别之一就是人类会使用语言，左脑除了分析数据，还要负责语言这部分功能。我们总是强调逻辑思维的必要性，无论是在学习中还是工作的时候，逻辑思维能力都是非常重要的，而逻辑思维也归左脑负责。左脑更注重每一项数据和单独的细节，因此外部世界对于左脑来说是由一个个单独的个体组成的，却无法形成一个整体。

和左脑正相反，右脑对具体的数据和语言等毫无兴趣，它负责人们对形象和空间的感受。如果一个人的形象思维能力出众，那么就说明他的右脑更加发达。如果说左脑关注的是细节，那么右脑就是从整体和全局的角度来观察事物的。但是右脑同样存在局限性，那就是它眼里只有全貌，没有细部的形象。

在过去，人们在对思维进行训练的时候更加偏向左脑。人们认为，科学技术的发展更加依靠对信息的处理能力。但是如今，人们更加重视右脑的发展。很多人认为，人类的下一个发展高峰就取决于右脑的很多能力，比如想象力和创造力等。在右脑时代，人们追求的将不再是冰冷的数字和复杂的语言，而是充满感情的故事和充满创造力的设计。因此，想要在新时代取得成功，就需要开发你的右脑。

从20世纪中期开始，人类逐步进入了信息时代。有人利用自己强大的左脑来编写电脑程序带来信息革命，有人利用对数据的分析能力来带动经济发展。这些人成为社会的中流砥柱，因此这个时代也成了左脑的时代。左脑能力出众被称作精英，是大家学习和模仿的对象。但是尽管左脑的确能带来很多不可思议的成果，但是如果这个世界只有左脑思维，那么显然是不够的。在未来，右脑思维将会证明自己的能力，并获得和其能力匹配的地位。与左脑不同，右脑思维更具有美学特征，会使人的想象力得到充分的发挥。

现在发达的计算机技术能够在很大程度上对左脑的功能进行模拟，它们具有的学习能力也是学习如何处理信息和数据的能力，但是即便是最先进的电子计算机，也无法模拟人类的情感和创造力。这一点是人类所独有的，也是人类区别于人工智能的一道壁垒和屏障。

很多人认为只要左脑能力强就可以了，对于右脑的开发毫无意识。

还有些人，本来具有十分发达的右脑，但是他们却不知道自己正在使用它。而那些被人们称作天才的人，则都能够全面地利用整个大脑，左右脑能够同时发挥作用。有很多种书籍和理论中谈到了天才是如何形成的，但是这些理论都不够全面，因为它们都忘了把右脑对人的影响加以说明。而一个人如果能够被称为天才，则一定拥有强大的右脑。天才之所以比普通人强大得多，是因为他们能够把左脑和右脑的潜力都开发出来，右脑的形象思维能够很好地指导左脑的逻辑思维。

很多科学家创造出新理论的过程能够很好地说明这一点。数学家曼德勃罗提出了著名的分形几何学理论，这种理论描述的是一些不规则的图形，这些图形能够对应自然界中变化多端的各种形态。它是一种全新的理论，过去只存在于科学家的脑海中。后来，曼德勃罗在右脑中对这些图形进行了仔细的思考之后，又通过左脑形成严谨的数学语言，把它表达出来，这就是分形几何学。

无独有偶，爱因斯坦提出的相对论，也是在脑海中进行想象的。因为这种新理论是如此超前，他最开始只能从脑海中捕捉到一些模糊的影子。但是这些影子越来越具体，在右脑中慢慢成形。爱因斯坦又把这些图形转化成公式，在黑板上进行推导，最后形成一套完整的理论。这套理论和量子力学理论一起，成为现代物理学的基石。

了解了右脑的重要意义之后，我们又该如何锻炼自己的右脑呢？首先，要善于利用各种形象。因为右脑负责的就是形象思维，因此要经常使用形象来开发右脑。比如，在阅读文章的时候，要有意识地进行速读。我们通常阅读的时候会在脑海里读出声音来，这样会加深理解。但是在速读时，要省去这一步，让文字的形象直接进入脑海，强迫右脑通过图像的形式来理解。在进行文字或数据的记忆时，也可以采用这种方式，忽略它们的读音和其他意义，而要记住它们的形象。在进行回忆的时候，从头脑中调取的也是形象。这样坚持一段时间，右脑的能力就会得到提升。

因为右脑与艺术感知密切相关，因此也可以使用音乐来让右脑更加乐于思考。尤其是旋律优美、节奏舒缓的轻音乐，能显著地提高人们的思考效率。如果你在一个嘈杂或极度安静的环境中思考很长时间，就会感到疲劳。但是当你在学习或者工作时听一些轻柔的音乐，右脑就会受到刺激，效率也会提高。

我们都知道，左右脑分别控制的是与之相反的那部分身体。右脑控制的是左半边，因此，左边躯体的运动，也能够反过来刺激右脑。如果能够对左手和左腿加强锻炼，就能相应地让右脑得到充分的发展。

还有一种方法能够提高右脑的开发水平，那就是学习一门外语。我们在学习母语的时候，往往是通过左脑学习的。只有当接触的语言种类较多时，才能够刺激到右脑。右脑虽然平时不分管语言能力，但是那些外语天才或者翻译界的高手，都是善于利用右脑的人。尤其是在翻译领域，会使用右脑的人才能成为最懂得翻译的人。

翻译的初级水平是学会逐词逐句翻译，能把一段话的字面意思表达出来。这个阶段的翻译主要依靠左脑来进行，右脑基本不发挥作用。较高水平的翻译者能够把语句中隐含的意思也传达出来，这时就需要左右脑并用了。而最高级别的译者能够传递出原作者的情怀和志趣，忠实地反映出作者当时的心态。想要做到这一点，就要有共情的能力和想象的能力，而这些能力都要靠右脑来提供。因此，顶尖的译者，无一不是善于使用右脑的人。

强大的右脑能够带给我们的最有益的改变就是提高我们的创造力。

因为右脑更富有大局观，更能从整体的高度来思考问题，因此在思考的过程中无须按部就班，而是可以更好地利用直觉。右脑更发达的人，能够进行更加精准的预测。我们要学会开发自己的右脑，使用全脑思维才能真正符合时代的需要。

4 改造潜意识

我们都在社会中生活、工作和人际交往，也都会遇到很多问题。有时我们会感觉问题变得越来越复杂，很难通过我们的知识、经验乃至创造力去解决。我们不禁转移了目光，把关注的焦点从外部世界转向人类的内心，想要弄清楚自己心里在想些什么。我们的大脑中都存在潜意识，这些潜意识会在不经意间影响我们的生活。那么，潜意识是否能够被控制和改造呢？如果能做到这一点，或许就能找到新的方式获得进步。首先需要明确的是，潜意识是什么？它究竟是怎样影响我们的？

潜意识指的是大脑中随时发生但是通常无法被人察觉的心理活动，对于这种心理活动我们都缺乏认识，或者是不知道如何认识。对这种神秘的潜意识，我们都十分渴望了解。因为人类的大脑有很多尚未被开发和我们不了解的领域，蕴藏着很大的潜力。因此潜意识也被人叫作宇宙意识，意思是说如果能掌握潜意识，我们甚至能够理解宇宙的奥秘。

潜意识总是在不知不觉中发生作用。心理学家弗洛伊德认为，我们从出生就开始受到潜意识的支配。例如，我们在说话的时候会出现口误，写字有时也会不自觉地出现拼写错误，这都是内心活动的体现。所以说，很多行为其实都是在潜意识的作用下发生的。潜意识不仅能够影响行为，甚至还能带来预想中的结果。我们总说梦想成真，这不仅是一种美好的愿望，还是真实存在的现象。当你心里有一个美好的预期，大脑就会分泌让人兴奋和感觉美好的多巴胺。这种荷尔蒙会让人十分愉悦，工作效率也会提高，因此不但能发挥出平日里没有的能力和耐力，还会积极面对挑战，最终实现梦想中的成果。

我们所有的意识和判断，都是外界事物在我们大脑中的投影造成的。我们除了被动地接受，还会主动地发现和吸收。这种吸收可能并不是有意识的行为，而是直接进入了潜意识，然后再从内心深处影响我们的行为。

我们都知道，吸烟是一种不好的习惯，不但对健康有严重的危害，而且会成瘾。那么，吸烟是怎样影响我们的身体，最终让人成瘾的呢？首先，烟草中含有大量的尼古丁。这种成分会作用于人的中枢神经，进而让人成瘾。但是这只是生理上的成瘾，很多人难以戒烟，却不是生理的不适让人无法忍受，而是来自内心深处的渴望。这就是潜意识在起作用了。

你可以想想看，你是什么时候开始吸烟的呢？吸烟对你来说只是简单地吞云吐雾，还是代表着一种身份的认同？在很多影视剧中，那些看起来酷酷的主角都会吸烟。他们或者沉稳，或者潇洒，还有的悲情英雄会在临终前来上一支烟，这时你会产生这样的想法：烟是如此让人着迷，连生命的最后一刻都在渴望。你周围也会有一些让你仰慕的人吸烟，你内心把他们作为榜样，想要成为这样的人，于是他们的一切都是你学习的对象，包括吸烟。这些都会进入你的潜意识，让你想要尝试吸烟，并且在形成生理上的烟瘾之后，还会产生心理上的烟瘾。这就是一旦开始吸烟就很难戒烟的原因。如果你也吸烟或者想要开始吸烟，明白了这个道理之后，或许会做出一些改变。

我们为什么要改造自己的潜意识呢？因为你的心理活动会受到潜意识的巨大影响。你可能懂得理性思考的必要性，并且经常锻炼和实践，但是仍然可能在潜意识的作用下做出一些无法预知的事情。潜意识会感受到你的情绪，还会反过来影响你的情绪。心理学家认为，潜意识会在一些极端情况下为你提供保护。在漫长的进化过程中，人类出现了很多本能，这些本能并不需要思考就能直接发挥作用，这可能就是潜意识在起作用。当你遇到危险或者情绪低落时，潜意识会认为你已经没法控制自己，于是它将接管你的思想和行为。所以你可能会遇到这种感觉，那就是在经历某件事时感觉大脑一片空白，事后不记得自己做了些什么。

明白潜意识的这个作用之后，我们就可以试着控制自己和潜意识之间的交流。这样一来，当你感到恐惧或者脆弱的时候，可以主动将自己置于潜意识的保护之下。它做得可能比你清醒时还要好。你会变得更加有耐力，能够在困难面前坚持得更久一些。

潜意识能做的不止这些，它还有可能让你取得自己想象和能力之外的成果。你在工作中当然不会只满足于完成简单的任务，同时也对实现更高的目标抱有强烈的渴望。你还希望能够在生活中有所追求，想要有真诚的感情交流，还会盼望爱情的到来。你期盼自己能够成功，无论是在工作中，还是在生活中。当有人和你谈到事业和财富的话题时，你会愿意和人交流，想要发现自己的价值，并且希望其他人注意到你的价值。

在这个过程中，潜意识会察觉你的愿望，并且帮助你获得成功。为了做到这一点，它会对你的很多行为施加影响，让你成为你想成为的那个人。有时候你会面临挫折，面对很多难以解决的问题，如果仍然想要成功，就要进行深入的分析。这种分析不但要针对问题，同时也要针对自己的内心。当你觉得自己无法胜任时，潜意识会给你信心，让你能够忍耐并且超越自己。因此，如果能够控制潜意识，在很大程度上就能让你变得更强大。如果你想要追求成功，就要了解内心的想法，学会利用它的力量。

那么该如何影响和改造潜意识呢？当你在刚学习驾驶的时候，每次发动汽车，你都会告诉自己缓慢地踩油门，加速行驶。当你要靠边停车的时候，要注意观察后视镜，在后方没有行人和其他车辆的情况下，抬起右脚，松开油门，接着把脚放在刹车踏板上，由轻到重地制动。这些行为都是有意识的，要先提醒自己，然后才能做出动作。但是当你学习了一段时间之后，这个过程通常不需要额外的思考，而是像本能一样做出动作。这就意味着，它已成为你潜意识的一部分。

既然潜意识是可以培养的，当然也就能经过锻炼察觉到，并且加以改变。可能你本来是一个急性子的人，通过影响潜意识，你将会让自己变得更平和，而不会像以前那样容易冲动。如果你总是有些哀怨，那么也可以通过改造潜意识变得乐观积极起来。

很多人想要改变自己的潜意识，是源于对当下的自己的不满，想要从潜意识层面让自己变成一个更好的人。该怎样做到这一点呢？你要记住，潜意识是有可能从意识转变而来的。当你把一种意识不断地重复，让自己相信和接受，那么只要坚持一段时间，这种意识就有可能变为潜意识。对思想的改造不是一时的，甚至可能要持续一生的时间。如果你想变得更好，那么就从现在开始吧。

5 几种不同的思维模式

我们的思维虽然是在大脑里运作的，没法直观地被人看见，但是经过科学家们的研究发现，思维可以被分为几种类型。一种流行的思维训练模式是六顶思考帽，它是由英国心理学家爱德华·德·博诺创立的。这种思维模型能够让几种思维模式同时在不同轨道上运行，并且互不干扰。利用六顶思考帽，能够直达问题的结果，而不是纠结在问题本身。争论一件事到底是对是错并没有意义，重要的是该如何得到发展和改进。用这种方式来思考，就会避免产生混乱，争取大多数人的认同和共鸣，并且使集体中的每个人都能为解决问题贡献力量。

那么，什么是六顶思考帽呢？这里的帽子只是一个形象的比喻，是把六种思维模式用六种颜色的帽子来代表。大多数人的思维都可以用这种方式来分类，这六种颜色分别是白色、黄色、黑色、红色、绿色和蓝色，代表不同的类型。

白色的思考帽代表的是询问，当人们使用这种思维模式时，对表述事实和罗列数据感兴趣。在这些时候，人们总是在寻求答案，想要知道有哪些数据是一致的，哪些数据是未知的，以及还需要多少数据才能解决问题。

黄色的思考帽代表的是分析眼前的事实，评价它的收益，并且给予肯定。在使用黄色思考帽时，人们会关注这件事将带来怎样的积极效果，做这件事的理由是什么，以及怎样成功地实现它。在这些时候，人们的思维通常是正面的、积极的、充满希望的，也会提出富有创造力的想法。

黑色思考帽代表的是谨慎，甚至是否定和质疑。应用黑色思考帽，人们会用逻辑思维对思考对象进行审慎的判断，试图找出错误，甚至表达负面的观点。这时人们的脑海中会充满疑问，质疑事实的正确性，会找到很多理由说明问题的不合理，并加以否定。

红色思考帽代表强烈的情绪，在使用这种思维模式时，人们会十分依赖自己的直觉。这时，人的感性思维占据主导，而较少使用理性的逻辑分析。因此，使用红色思考帽的人总是直接地表达，甚至大胆地预测。

绿色思考帽代表着创新和发展。因为绿色是生命的颜色，充满着希望。使用绿色思考帽的时候，人们会尽情发挥自己的创造力，很多新的想法和思路都是在这时产生的。在进行头脑风暴的时候，每个人都戴着绿色思考帽。它会唤起人们的想象力，让人们找到更多方案来解决问题。人们会更加积极地思考，寻找所有可用的信息。

蓝色思考帽能够管理人们的思维，决定思考的顺序，以及在哪些时候你应该采用哪种思维模式。或者说，它是负责安排其他思考帽的出场顺序的，是幕后的“总管”。在使用蓝色思考帽时，你会考虑解决问题的整个流程，决定下一步该做什么，要用到哪顶帽子。

我们在思考时，经常会遇到这样或者那样的问题，但是其中最主要的问题就是思维出现混乱。尤其是在同时解决几个问题的时候，各种思维模式混合在一起，彼此纠缠不清，让我们不知道从哪里开始才好。因此，我们要学会在每个单位时间内只考虑一个问题，这样才能让每种思维模式完全发挥它应有的作用。

刚才提到的这六顶思考帽，会让我们采用六种方式来进行思考。需要注意的是，它们并不是为了解决问题存在的，而是为了指导我们该如何思考。例如，当你使用黄色思考帽时，就要对眼前的信息做出评价，并且积极地向前推进；而使用黑色思考帽时，则要尽力地质疑，找出错误的地方，这样才能为下一步思考去除多余的障碍。因此，每顶思考帽都清楚地告诉我们应该用哪种模式思考，避免出现思维混乱的情况。

在这几顶思考帽间切换，是为了让思维更加清晰，思考帽改变时，思维模式也跟着改变。这样我们就不会过分在意究竟哪种思维是最好的，而是不断寻求更合适的。我们可以举一个例子来说明，惯用的垂直思维模式和集中思维互相切换的平行思维模式有何区别。有一天，在安静的地铁车厢里，上来了几位乘客，是一个父亲带着他的三个孩子。其他乘客有人在安静地看书，还有人在闭着眼睛听音乐，但是这三个孩子却从上车开始就一刻不停地嬉笑打闹，在车厢里来回奔跑，对很多乘客都造成了影响。如果用惯常的思维方式，大家就会质疑这位父亲并且试图证明他对孩子缺乏管教。因此一位乘客上前大声说道：“这位先生，你的孩子已经严重影响了别人，你为什么不加以制止呢？你就是这样教育你的孩子的吗？”这位先生的回答十分出人意料，他说：“我的孩子刚刚失去了他们的母亲，如果我让他们保持安静，他们会一直停留在悲伤的情绪中。因此我没有管束他们，让他们能够开心片刻也好。实在抱歉，打扰大家了。”

这是一个让人悲伤的故事，之前那位乘客的质疑似乎也没有错，但是我们可以考虑一下，如果用平行思维的方式来面对同一件事，你该怎么做呢？或许你首先应该询问的是这位先生为什么要这么做，是否经历了什么，而不是直截了当地推向结果。这样一来，你会明白造成眼前这种现象的原因，并且会予以理解。这就是两种思维模式的不同，一种是非对即错，一种是不在乎对错，而是找到解决方式。

很多时候，我们争论一个问题的目的并不在于解决问题，而是过分关注谁才是正确的那一个。如果争论的焦点总是这一个，就会严重影响人与人之间的沟通。如果一个团队中都是这样的气氛，那么就无法团结起来解决问题，而是把精力都耗费在毫无意义的争论上。因此，如果都采用六顶思考帽的方式来思考，就会更在乎怎样解决问题。

面对外界纷繁而至的问题，每个人都要做出许多决定，这些决定关乎人生的走向，因此都要力求正确。如果你考虑得太多，就会发现自己做的很多决定都是不明就里的，你不知道这些决定是怎样做出的，也不明白它们为什么会带来成功或者失败。但是当你学会了用六顶思考帽这个工具来厘清思路，在面对不同问题或者局面时选择不同的思维模式，就会更加清晰地知道自己该做哪些决定，以及这些决定会带来怎样的结果。

我们现在来回顾一下，面对并解决问题的时候要怎样切换不同的思维模式。首先，如果要弄清一个问题到底是什么，就要用到蓝色思考帽。这时我们会首先对问题进行一个判断，确定该使用什么样的步骤来解决问题。接下来，用白色思考帽来思考，解决问题要用哪些信息，并找到这些信息。在这些信息的基础上，通过逻辑思维来做出合理的解释，就要使用黄色思考帽。如果要用到创新的解决方法，得到新的解决思路，就要利用你的想象力了，这时就需要使用绿色思考帽。这时候你已经汇总了很多信息，同时还要验证新思路是否正确，就要用黑色思考帽来对所有条件进行质疑和判断，留下有用的信息。最后，你要用红色思考帽来做出决断，采用一个确定的方式来解决问题。当然，这只是其中一种解决问题的步骤。针对不同的问题，可以采用不同的步骤。

不同的思维颜色会在解决问题的时候给人不同的提示，要在具体的问题上加以区别利用。我们在面对复杂问题的时候，要善于使用这种方法，用更灵活的思维模式来得到富有创造性的答案。

6 出发，再学习

我们学习知识是为了能够在生活和工作中加以应用，那么所谓的再学习的能力就是指在应用知识的时候通过实践进行自学和提高的能力。通过再学习，能让书本上的知识变为真正有用的技能，能让自身的潜力得到充分的挖掘。如今的社会，竞争是如此激烈，要想不被淘汰，不但需要掌握足够的知识，还要能够通过再学习不断地提高。可以这样说，只有具备再学习能力的人才能保持成功。如果我们一直停留在过去的水平上，就会被前进的浪潮淹没，最终变得平庸。

有人提出了一个理论，认为人的一生就好像是一块蓄电池，要不断地补充电量，才能源源不断地为实现人生的众多目标供电。在人类文明发展史上，科技进步的速度正变得越来越快。人们用了数十万年的时间才从旧石器时代进入农耕文明，但是从工业革命到现在，只经历了几百年时间。在20世纪，科学知识的总量提高一倍需要50年的时间，但是进入21世纪之后，这个时间缩短到了原来的1/10，只需要5年。在可预见的未来，人类的知识水平可能只需要一两个月就会翻一番。因此，要想跟上时代的节奏，就要不断地学习。

在学生时代，你的主要任务是专注地学习知识。只有当你走出校园，步入职场之后，才能把所学的知识加以应用。工作不但能检验你对知识的掌握水平，还能让你知道哪些是马上就能使用的，哪些是需要提高的。自己在各方面的能力也会充分地展示来，你会明白自己擅长什么，哪里存在不足。经过这个阶段，你要学会发扬自己的长处，同时还要想办法弥补自己的短处。著名的短板理论表明，一个人的综合能力的上限往往取决于最不擅长的那部分能力的上限。因此，要扩大自己的知识面，继续学习。

除了学习一些实用技能，对于工作之外的其他领域的知识也要有所涉猎。因为很多知识之间都存在关联，所以多掌握一些知识是很有必要的，或许在某一天解决某个问题的时候就能应用到。另外，保持学习的状态能够让你的大脑始终活跃，处于最佳状态。

还有很重要的一点，那就是学习能够让人快乐。有人认为，只有感官的享受才能带来精神的愉悦，殊不知，学习能够带来的快乐更加长久和深远。当你通过学习掌握了新的知识，或者对某个一直无法解答的问题有所突破时，这些能够带来的成就感和愉悦感不但更加厚重，持续的时间也会更长。比起单纯的享乐，这种来自成功的喜悦更加令人印象深刻。

有人可能会说：我每天工作那么忙，哪有时间再学习呢？其实学习效率最高的时候，往往不是整段整段的时间，而是工作之余的碎片时间。当然，前提是你要为自己制订一个计划，安排好你想要学习的内容，并且规定在多长时间之内学完。这样一来，在这些看似零散的碎片时间里，你仍然可以学到很多东西。所谓积少成多，即便每段碎片只有5

分钟，日积月累，也不可小视。

曾经有一位著名的钢琴家，他从小开始学习钢琴，这里要说的就是他的老师对他的教导让他受益一生的故事。有一天，老师正在给他上钢琴课，突然问起他每天要用多长时间来练习钢琴。他回答说，大概会练习三到四个小时。老师接着问他每次练琴的时间是否都很长。他回答说，每次都要持续一个小时左右，这样才能让自己的钢琴技巧更加娴熟。老师连忙说，以后不要长时间地练习了，而是要将练琴的时间分成很多个小段。虽然每天的总时长可能仍然不变，但是每次只要练上10分钟就够了。他感到很困惑，问老师这是为什么。老师回答：“等你以后长大了，会花很多时间做其他的事，不会有这样大段的时间用来练习了，因此要习惯用饭后或者睡前的小段时间来练习，让弹钢琴成为生活的一部分。”他按照老师的话做，果然成为一代钢琴大师。

但是故事到这里还没有完。这位钢琴家不但在音乐领域有所建树，还创作了很多文学作品。后来他成为一名大学教授，每天的工作都很忙，完成教学和批阅试卷之后往往都到了深夜，因此有整整两年时间竟然没有创作任何作品。这时他又想起了老师教给他的道理，于是在上课的间隙和开会的空闲时间写作，只要有时间就写上一会儿，长到几段，短到几行甚至几个单词。这样坚持了一个星期，他发现这些手稿加在一起竟然有几页之多。靠着这样的方法，他在几年之内完成了几篇长篇作品。他的工作越来越忙，但是创作不但没有受到影响，效率反而一直很高。而且他对这些碎片时间的安排是有计划的，每次要写的都是已经想好的词句，而不是等到有时间的时候再构思。因此，他不但很好地完成了教学任务，还成了著名的作家。

从上面这个例子中我们可以看出，对碎片化时间的利用是多么重要。那么关于再学习，还有哪些经验可以借鉴呢？我们在学习的时候，除了要依靠书本，最主要的还是向其他人学习。这里的“其他人”在不同阶段可能分别是父母、老师、学长、入职之后的上司和前辈，乃至身边的朋友。只要是在某个领域比你能力更强的人，都是值得你学习的对象。

在工作中开始你的再学习之旅，首先就可以向你所在公司的前辈学习。你们从事的都是一个领域的工作，可以更好地沟通，对学习的内容也可以快速理解。你会通过学习对所处的行业有更深入的了解，为自己的未来进行更合理的规划。你要乐于结识比你优秀的同行，并从他们身上学到你在其他地方无法学到的知识。你即便读过很多书，学到很多知识，也比不上一个能够熟练应用这些知识的人在你面前亲自演示来得更加直观。你会真正明白知识该如何运用才能发挥最大的功效，明白自己的短板在哪里，这样才能得以提高。我们经常会听说这样的故事：某人在受到一位卓越人士的启发后，做出了某种成果。但是这样的事情很少发生在读过一本书之后。

你学习的对象当然不必仅限于本领域或本专业，其他领域的佼佼者也非常值得你学习。因为优秀的人都有相似之处，并不因行业不同而有所区别。你会从他们那里学到其他知识，这会让你在未来某个不确定的时间受益。最主要的是，你要向他们学习用不同的角度思考问题，这样才能对世界了解得更加全面。因此，如果你想变成一个更好的人，那就出发吧，再学习！

7 思想没有边界

思想应该是自由的，是无拘无束的，那么思想存在边界吗？答案是否定的！我们可以通过一个例子来证明这一点。德国数学家高斯被称作数学王子，下面是一件发生在他中学时代的轶事。有一次数学课上，高斯打了个盹，正睡得香的时候，下课铃声响了。他从睡梦中醒来，睡眼惺忪地看到黑板上写着一道数学题。他以为这是老师留下的作业，于是抄在了本子上。当天晚上，他开始解题，但是最初的时候怎么都解不出来。他不甘心留一份没有完成的作业去上学，因此努力思索，最后竟然成功地解决了这个难题。他感到十分高兴，第二天拿着做好的题目来到课堂上，却让老师目瞪口呆。因为老师把它写在黑板上的目的，是告诉大家这道题是无解的。高斯之所以能够成功，是因为他事先并不知道此题无解，因此头脑没有受到束缚，思想得以自由驰骋。这个事例能让我们明白，思维是不应该有边界的，我们也要打破藩篱，避免陷入思维定式。

我们要想打破思维的诸多限制，就要在很多方面做出努力。在面对一个问题的时候，要做的不是用过去的经验给问题设定一个范围，或者贴上一个标签。当你看到一个问题的第一反应是带有负面情绪的，说明你对这件事抱有偏见，而这种偏见通常与问题本身无关。比如，有个人不喜欢吃鸡蛋，他可能并非讨厌鸡蛋本身，而是讨厌剥壳的麻烦过程。如果能准备一个方便剥壳的小工具，他的这种抱怨就会减轻甚至消失。因此，要试着改变问题的条件，而不是一直发牢骚。

在对别人描述一个问题的时候，也要注意用语的准确和中性。在一个团队中有两个人——分别是A先生和B先生——合作研究同一个项目，但是随着问题逐渐被解决，两人的矛盾也越来越激烈。A先生认为B先生总是针对他，但是B先生认为自己虽然心直口快，但是完全没有针对任何人的意思，只是就事论事。这就清楚地表明了两个人的差别：A先生认为与自己的观点不一致就是错误的，而B先生认为这是可以商讨的。这就是看问题的角度不同带来的结果。同样一个事物或者一个表情，能够做出完全不同的解读。因此我们如果向不了解的人解释一件事情，就要尽量避免带有强烈的感情色彩，这样可能会误导对方。

在看待问题时，一定要避免的一种错误现象就是用极端的想法去思考。如果想获得更加灵活的思维，首先要学会理解。当有些人的某种行为让你感觉不适时，他或许有这样做的充分理由。那么既然他有自己的理由，虽然你并不喜欢，也要予以理解。有很多负面的标签只是你的主观看法，你会用那些词来形容别人，但是通常不会形容与你亲近的人，更不会用来形容自己。没有人愿意被人称作吝啬鬼或者懒惰的人，他们只是在某些条件下被看成是那样。

比如说，在商场打折时你通常会去购物，这时的你当然会觉得自己十分节俭，但是如果别人每次都看到这样的情景，就会不自觉地认为你是吝啬的，平时不舍得买东西，只会赶在打折时才来买。所有现象都能从不同角度来理解和看待，就好像俗语所说的，一千个人眼中有一千个哈姆雷特。当你明白了这一点，就不会在被夸奖时自满，也不会在被贬低时自卑。你要有符合逻辑的论断，而不是完全凭借主观意愿行事。

曾经有一家马戏团在夜里失火了，很多物品都被烧成了灰烬。第二天人们到货场清点损失，却有了一个惊人的发现。马戏团的一头大象死于这场火灾，而拴着它的是一根很细的木桩，它完全有能力逃脱，却仍然被烧死了。人们起初觉得这件事十分不可思议，但是当他们了解到马戏团训练大象的手段时，就恍然大悟了。

原来，当大象还在幼年时，就已经在马戏团接受训练了。小象的天性十分活泼，为了让它学会安静，听从命令，马戏团的驯兽师会把它拴在一根很粗的木桩上。无论怎样挣扎，小象都无法摆脱木桩的束缚。接下来，驯兽师会更换一根稍细的木桩，仍然确保小象挣扎不开。这样的过程会一直持续下去，每次更换的木桩都更细，但是足够拴住小象。等到小象长大之后，一种思维定式就会深深地刻在它的脑海中，那就是所有木桩形状的物体都十分坚固，只要被拴住了，就没法逃脱，只能安静地站着。因此当马戏团发生火灾的时候，已经长大的大象完全有能力挣脱绳索，但是仍然选择放弃挣扎，最终被烈火烧死。

大象的这种想法之所以根深蒂固，是因为受到经验的影响。那么我们是否也有一些经验是不合时宜的呢？是否有些时候也会认为有些问题对自己来说太困难，凭自己的力量无法解决呢？这时我们就要想起这只大象的遭遇，进而问问自己：“我是被木桩困住的大象吗？”

一个善于思考和创新的人，往往都具备两种能力，那就是分析的能力和归纳的能力。当你在思考一个问题的时候，首先要分析它的具体因素是什么，这将帮助你更好地理解问题。接下来，你要能挖掘问题深层次的根源，从本质上找到原因，这就要求你能够进行总结和归纳。而所谓的创造力，也可以理解为从已有的知识推论出未知的知识的能力。因此，如果你善于分析和归纳，就能在理解一个问题的基础上变换视角，解决新问题，得到新答案。

思维不应该是单一的，而应该是多元化的。这种思维方式是发散性的，是从一个原点出发，得到很多新的观点。我们说，世界是平的，这就意味着多种文化彼此冲击和融合，形成多元化的人类社会。如果只停留在自己的文化中，是无法真正融入人类社会的。我们在学习的过程中往往存在一种误解，那就是如果一种理论无法解决某个问题，它就是无用的，就是错误的。这就属于给自己的思维加上了限制，没有考虑到情况是否会发生转化，以及一个理论是否有它的推论。

应用多元化的思维，会让人从不同的层面理解问题。它能够超越个人的局限，用包容的态度看待外界的事物。当你能够从单一的思维中解脱出来，就能成就一个全新的自我。在多元化思维的世界里，对成功的定义也更加包容。这里的成功指的将不再是实现世俗意义上的价值或者解决某个具体的问题，而是对更高人生目标的挑战和追求。当你的梦想得以实现，完成了对自己的超越，变成了一个更好的自己；同时并没有因为对成功的渴望而过度耗费自己的精力，而是感到愉悦和快乐，我们说，这才是真正的成功。

8 找到一切可能性

当我们面对一个十分复杂的问题，却迟迟没有找到解决方案时，就要换一个角度来思考。虽然不是每个问题都有答案，但是我们要做的就是找到所有的可能性，并且一一验证。有一种方法能够让我们在确保不重叠和不遗漏的前提下尽量找到所有与问题有关的证据或理由，来更好地理解问题，得到解决问题的方案。这种方法类似于头脑风暴，但是更加有逻辑性，并且可以随时加以分析——头脑风暴是在最后时刻才进行总结和分析。使用它来思考问题，就要做到穷尽所有理由，并且每个理由之间都是完全独立的。

应用这个方法的时候，最重要的原则就是要做到上面所说的，把所有可能的理由都列举出来，同时确保它们都是彼此独立的。之所以要彼此独立，是要保证不会出现重叠的理由来干扰我们的视线，加大分析和筛选的难度。列举出所有理由，则能让思考更加全面。满足这两个条件之后，就能够尽可能多地发现所有对问题有影响的因素。这些因素就摆在你的面前，当你能够一一解决，就能最终解决整个问题。你还能通过列举理由的过程来确定哪些应该优先思考，哪些可以稍后再思考。

问题一开始，就要确定很多有关的要素。可以运用图表的形式把这些要素都表示出来，然后从每个要素出发，像用思维导图一样进行扩展和分解。这种方式和思维导图的区别在于，这里的扩展都是和原问题有关的，而不是尽情想象。通过这个过程可以对问题做出一个初步的判断，找到最合理的思路，为下一个阶段打下良好的基础。

还有一种方式，就是采用和头脑风暴类似的方法来思考问题，忽略各种条条框框的限制，只要能解决问题，就可以提出。这种方式在使用过程中要和头脑风暴加以区别，要随时进行分析和判断，对每种可能的方式都进行记录，并且比较各个方式的难度和消耗资源的多少，最后选择一个效率最高的方法来解决问题。

我们前面所说的找到所有可能的理由的方法，可以叫作树状思考法。一个问题有很多重要的因素，这些因素就是一层一层的树冠，而每一层中又有很多树枝和分杈，这些就是每个因素中更具体的影响条件。把问题分别进行细致的分解，之后从每一层开始做起，分别加以解决，你会找到问题的根源所在，并且最终到达树的顶端，解决所有问题。

这种树状思考法是把问题分成若干个层次来进行分析和思考。要重点考虑的一个关键问题是，怎样让各个层次之间的要素做到彼此独立？如果没有做到，就要思考原因。通常来说，如果层次之间发生重叠，就说明在分层的时候没有严格地遵守独立原则。这时就要对已知的理由加以梳理，排除那些重叠的项目。

在给问题区分层次的时候，要注意保持思考的完整性。要建立起完全的树状图，而不是省略一些关键的步骤，直奔主题。这样一来，就会有很多因素没有考虑在内，得到的结果一定是不完整的。因此不但要合理分层，还要把每一层的每一根树枝都填满，才能穷尽所有条件，做到没有遗漏。当树状图建立起来之后，针对不同分层的问题会有不同的解决方案，还有的时候，一个层面的解决方案会对应许多根树枝上的问题。因此一定不能省略关键步骤，而是要先进行分析，之后再一步步地解决。

我们要注意的是，这种把问题具体分层的解决方式只是一种策略，整体的思维仍然是至关重要的。要针对具体问题采用具体方案，不能以偏概全。在分析到最终阶段的时候，还有可能出现互相矛盾的局面。其中一个要素的解决方案，甚至会激化另一个要素，让它变得更加难以解决，乃至产生新的问题。这就好比在治疗疾病的时候没有完整的治疗方案，而是哪里不舒服就治哪里，这样带来的结果就是总有地方出问题，而不会彻底痊愈。要解决这样的问题，就要从整体出发，而不是仅仅考虑用分层的形式来进行解答。

这样一来，我们就可以总结出采用这种方法思考问题的步骤。首先要确定一个可信问题，然后把这个问题分解成若干个基础问题，再将基础问题继续向下分解。在这个逐层分解的过程中，为了保证问题的完整性，要找出所有与问题有关的理由。同时，为了让思考更加有效，要杜绝重复，保证每个理由都是独一无二的。在这个前提下，一个大问题变成了若干个彼此独立但十分有条理的小问题，能够让你规划出清晰的解题思路，并且按照各项因素的重要程度来逐级思考。

你该如何确保理由已经穷尽并且没有重复呢？这是首先需要考虑的问题。你要确定所有可能的理由都被注意到了，而不是有所遗漏。举例来说，你现在要为一家连锁企业制定一个策略，让它能够卖出更多的商品，那么你该提出什么问题呢？这些问题是否会涵盖所有可能的渠道呢？可能一开始你提交的方案是非常笼统的，看起来很简单，只有寥寥的几行。但是接下来你会在每一条方案下面提出更细致的要求，例如如何控制成本和缩短研发时间。每个要求都应该是区别于其他方案下的任何要求的，确保它是唯一且必要的理由。如果能够做到这一点，就说明你的思路很清晰，可以进行下一步的工作了。

在列出所有可能之后，你要做的就是寻找其他可能性。如果能够找到，说明你的前期工作做得还不够完善。最后需要达成的目标是，所有可能的方案都被考虑到了，这时你才能真正开始分析和解决问题。这种寻找所有可能性的方法能够让我们看到足够多的理由，不管是用来证明还是证伪，都满足必要的一切条件。这样的思考才是更加完整的，才是更符合逻辑的。

9 好计划带来好运气

我们在解决任何问题时，都不能盲目地开始行动，而是要先做好计划。好的计划就像高速公路一样，能够让我们快速到达目的地。在思考问题和采取行动之间，需要靠计划进行连接。没有一个详细的计划，解决问题就变成了毫无意义的空想。不但对于一个问题如此，对于人生的某个阶段来说，一个合理的规划也是十分必要的。如果你没有计划，你的行为就没有指导的纲领，在具体操作时难免会犯错误。因此我们需要计划，而不是毫无头绪地忙碌。

在问题被解决之前，答案永远都是未知的，无法确定。这就好比你在旅途中面对的总是未知的天气，即便随时关注天气预报，也难免会受到恶劣天气的影响，因为天气预报并不是毫无差错的。正因为未来是如此不确定，才体现出计划的必要性。有人可能会说，既然尚未发生的事都是不确定的，那么如果出现与计划不符的情况，计划就没有意义了。其实不然。计划是为未来准备的，因此应当包含很多种预案。与之相比，毫无计划的人面对变化才会完全失去应对能力，导致失败。

既然叫作计划，就会根据已知的信息进行合理的分析和判断，推测有可能发生的情况。很多时候，条件的变化也会包含在计划中。根据所有可能的情况制订详细的方案，这样无论发生什么变化，都会做到心中有数。比如说你准备进入金融市场投资，那么你就要对前期的市场情况进行总结，分析基本面的走势，结合出台的一系列政策，还要考虑到诸多可能的因素，以此来决定进行哪些投资，这些投资该怎样进行组合。如果情况发生变化，你也应该按照计划进行修正，进行稳健的投资。

如果有人告诉你，未来发生的一切都能够确定，这时你觉得还需要制订计划吗？答案是肯定的。因为尽管答案是确定的，实现答案的路径却有很多条。哪一条效率最高，你就应该选择哪条路。因此，计划是用来帮你选择这条最佳路线的。例如你要去一个心仪已久的地方旅行，未来几天的天气都很好，你可以选择多种交通工具出行，你该怎样选择？这些交通工具各有利弊，比如飞机价格贵但是时效性高，陆地交通方式更便宜但是时间长。但是走陆路能够更加悠闲，可以随时停下或者变更路线。通过全面考虑几种出行方式，你会做出一个最符合客观实际的选择。

一个合理的计划，不但能让你解决问题的途径更加合理，还能减少成本，让你花费的精力和财力都更少。如果你总是能够制订出合理的计划，就能够更好地管理收入和支出，成为理财专家。每一笔支出或者投资都应该是有计划的，如果没有计划地乱花，那么到需要用钱的时候，你可能就会面临无钱可用的境遇。

一个企业的财务经理应当是一个有计划的人，这样才能合理安排公司的资产和负债，使公司的财务状况保持健康。同样，一个家庭中也需要一个会制订计划的人来管理财产。他要知道整个家庭的支出情况，为必要的采购和可能发生的事情留出足够的资金。如果没有计划，而是由着自己的心意购买一些并不十分需要的物品，就可能要靠借贷度日了。

有人可能会说：“我的工作太忙了，要做的事情太多了，能做好眼前的事情就已经很好，哪里有时间做计划呢？”或许你说的是对的。当今时代，无论是生活节奏还是工作节奏都加快了。工作时间，你要处理各种问题，还要和人沟通。工作结束之后回到家里，就一心只想好好休息或者陪伴家人。到了夜晚，你会感到十分疲倦，不愿意去思考明天要面对的事情，而是只想赶快进入梦乡。工作日没有时间制订计划，周末或者假期就更不想在这上面多花时间了。你考虑的重点是带家人去哪里郊游，或者去看一场电影，听一场音乐会。时间过得很快，转眼你又该上班了，可是计划仍然没有做。

这样看来，工作的压力以及对家人的责任完全占据了你的生活，让你没有时间考虑未来。所有事情都在不断循环，逐渐耗尽你的兴趣和力气。你觉得生活变得越发单调和无聊，但是一时不知道该怎样做出改变。如果你仍然对你的未来有所期待，那么就尝试一下做出计划吧。只要有了计划，生活就会变得完全不同。

如果你的工作有计划，那么即便再忙碌，你也会知道接下来该做什么，知道该如何应对，而不是在问题出现的时候一时摸不着头脑。如果你的生活有计划，那么压力再大，你也会找到减压的方法。计划能够让人提高效率，变得更加自信。因此，我们都需要马上制订计划，而不是等待和拖延。没有时间只是一个借口，当你有了计划，借口也将无处藏身了。你会发现工作的效率提高了，生活的质量也得以提高。你想象中的手忙脚乱不仅不会发生，时间反而变得更加灵活。

那么，我们该怎样制订一个好计划呢？计划不应该是刻板的，而是要符合自己的实际情况。因此，首先你应该对自我有一个充分的认识。

在此基础上，你应该有针对性地制订计划，为接下来要做的事提供具体的指导。首先，计划要足够灵活。计划当然不是不可改变的，而是要随着问题的进展不断调整。无论是怎样的计划，都要留有改进的余地。在问题的解决过程中，可能会发生一些意料之外的情况，这时影响问题的因素也会发生改变。如果不能及时调整策略，那么不但问题难以解决，之前所做的努力也将成为泡影。

其次，一个好的计划要在每个节点之间空出一段机动的时间。如果一份计划安排得特别紧密，就谈不上是一个好计划。这样的计划会让你的神经总是处于紧张状态下，生怕耽误了下一个步骤。如果其中一步完成得不好，之后的所有步骤都会受到影响。因此，好的计划会留出足够的空间来容纳排除故障的时间和犯错的机会。这样一来，即便在某个步骤出现了突发情况，也会在后面得以纠正和处置，计划会按部就班地推进，不会出现中断甚至前功尽弃。

最后，一个好的计划一定是一个合理的计划。我们要为自己设置一个合理的期望值，而不是进行不切实际的空想。符合实际的计划虽然能带来压力，但是更多的是前进的动力。而那些超出我们能力范围的计划，除了会让人紧张和焦虑，还会在无法实现预期时让人变得消极和悲观。这样一来，就太得不偿失了。

综上，我们就能知道，计划能够让生活和工作变得更加轻松。一份好的计划除了能带来更多快乐，还能让你在思考时更加轻松，有可能得到意料之外的收获。这样说来，好计划还能给你带来好运气。

10　你信赖直觉吗

你在生活中一定经历或听说过下面这些事件中的一种。你打算去一个地方，有两条路可以选择，你不假思索地选择了其中一条，事后得知另一条路当天发生了大堵车。你的一个朋友因为迟到没有赶上某班飞机，结果这架飞机因为天气恶劣失事了。你本来已经顺利通过了面试，却因为对面试官的感觉不好而没有入职，没过几个月，你听到消息，这家公司倒闭了。

这种例子很多，你或许会经常遇到。在碰到这些情况时，你会下意识地做决定，这就是直觉。直觉在很多场合都会出现，并且会发挥重要的作用。例如你想去国外旅行，需要去办理签证。签证官对你的第一印象——这当然是直觉的一种——也会影响你是否通过签证，而不仅仅在于你回答问题是否流利，准备是否充分。有些人在进行投资活动时也依赖直觉。当市场并不明朗时，很多人会靠直觉来决定买入还是卖出，以及该购买哪只股票。如果你懂得驾驶汽车，那么就应该明白在很多时候驾驶行为也受到直觉的影响。尤其是当你准备超车或者遇到紧急情况时，你会不自觉地做出一些操作，而这些操作可能与你在接受驾驶培训时学到的知识并不一样。

在和其他人打交道的时候，我们也会用到直觉。当你第一次见到一个人时，可能会有两种比较极端的感觉。其中的一种是，你会感到不舒服，甚至是危险。这种感觉没有来由，只是凭空出现的。你们刚刚才认识，所以你不知道为什么会出现这种感觉。这时，出于礼貌或者理性思维，我们往往会说服自己：他没有你想象的那么糟，你们会相处得很愉快。但是事情的发展通常会验证你的直觉，你会发现你们有很多地方都不同，确实不适合交往。

还有一种情况是，你看到一个陌生人时，会突然感觉十分亲切，仿佛对方是一个久未谋面的老朋友。从一开始你就会想，怎么没有早一些和这个人相识。这个人如果是异性，你们很可能成为情侣。当然也可能成为十分要好的朋友，或者是工作上配合默契的好搭档。你们会感觉深深被对方吸引，一见如故。

直觉是如此奇妙，以至于很多成功者都认为，他们之所以能够取得成功，就是因为很好地利用了直觉。有一份调查数据显示，在《财富》杂志排名500强的大公司CEO中，绝大多数——几乎是全部——都十分善于使用直觉来制定重大战略。虽然他们在经济论坛或者公开的讲话中绝不会承认这一点，但是这确实是事实。他们中的很多人对此心存顾虑，担心人们会觉得他们故弄玄虚。在问卷调查中，他们几乎都认为，直觉是非常有用的。这种近乎无意识的思维在很多时候比严谨而枯燥的数据分析更能指导人做出判断，进而得出结论。

既然我们在生活中经常会用到直觉，那么什么是直觉呢？在很多人的印象中，直觉就是本能的反应，是不经过头脑思考的。这种感觉会突然出现，又突然消失，不知道该怎样描述，也无法解释。人们在很早之前就对直觉产生了兴趣并加以研究，最后发现直觉其实也是一种思维，而不仅仅是灵光一现。但是这种思维通常是无意识的，当你不具有解决某种问题的经验，在遇到这种问题时，直觉就会起作用，替你做出判断。

那么你也许会问，直觉看起来太神奇了，它真的会起作用吗？是否只是我们脑海中编造出来的呢？经过多年的研究，科学家们发现直觉通常是右脑做出的反应。我们都知道，在日常生活中，左脑总是被频繁地用来进行逻辑思考。对很多事情的判断和对问题的解答，都需要逻辑思考来决定。因此，如果你面对的是一件未知的事情或者复杂的问题，左脑或许会告诉你，你很难做到，你的能力不足，或者需要更多的思考时间。

这时，如果你的右脑站了出来，并且在某个时刻压制住了左脑传来的声音，那么直觉就出现了。右脑负责的是想象力和形象思维，会从整体上做出一个判断。你可能并不知道判断的依据是什么，但是按照这个判断做决定，却会得到意想不到的结果。因此你应当对直觉给予足够的宽容和信任，并且充分地利用直觉。你可以从身边的小事做起，在有所收获之后再逐步转向重要的事情。

你应当怎样训练自己的直觉呢？很多时候，当你想要利用直觉，却发现它不见了踪影，你无论怎样努力都无法发觉它的存在。这一点在就餐时能够充分地体现出来。你带着女朋友来到一家心仪已久的餐厅，对着漂亮的菜单，你的头脑却一片空白，不知道该点些什么菜。看着对面的女朋友和一边的服务员有些催促的目光，你会感到有些尴尬，但是始终无法做出决定。

要想解决直觉失灵的问题，就要从几个方面入手，来锻炼你的直觉能力。首先你要明白自己的思维更偏重于哪一点，因为每个人的思维模式都是不同的。有的人视觉思维很强大，眼前所见的形象能够让他更好地解决问题；有的人善于利用身体的直觉，当他通过触摸或者感受来解决问题时会更有灵感；还有的人听觉十分灵敏，在使用语言或者其他形式的声音交流时，会更容易解决问题。在了解了自己的思维偏好之后，就可以有针对性地训练直觉了。

对于视觉偏好的人，可以用随处可见的颜色来进行锻炼。比如当你遇到一个问题的时候，就会给自己一个暗示：如果在接下来看到的不同颜色中，黄色先出现，答案就是肯定的；如果蓝色先出现，答案就是否定的，并且严格按照自己的规则来做出判断。过上一段时间，你会清楚哪种颜色成功的概率高，并且会形成直觉。

对于那些习惯用触觉来解决问题的人，就可以通过身体的感受来培养直觉。当你遇到问题时，可以同样做出假设：如果接下来触摸到的是温暖的东西，答案就是肯定的；如果摸到的是冰冷的东西，答案就是否定的，并且同样坚持自己的原则。用不了多久，你的直觉也会自然而然地出现。

直觉不仅能在生活中解决一些较为常见的问题，甚至在顶尖的科学领域也能发挥作用。这种能力并不是谁都具有，而具有这种能力的人无一例外是伟大的科学家。英国物理学家卢瑟福在量子力学方面做出了很多伟大的贡献，而他选择原子核作为研究的重点，就是凭借自己的直觉。他的学生，丹麦物理学家玻尔曾表示，卢瑟福的直觉仿佛能看透原子核，从中找到它的构成和形成的原因，提出人们从未思考过的问题。

因此，不要盲目地否定直觉，而是要对它予以重视。每种思维方式都应该能发挥自己的作用，不要让自己过于拘束。直觉虽然看似是突然发生又自然消失的，找不到什么原因和规律，但是实际上它来自我们最深层的脑海，是有据可循的。如果你能够善用直觉，就会在很多领域如鱼得水。直觉非常重要，但是不能一味地用它来解决问题，任何一种思维都只能在适当的时候才能充分发挥作用。因此，你应当信赖你的直觉，但是不要过分依赖。你会发现自己更善于做决定，而不是对着问题发呆。

Chapter 7

养成高效思考的习惯

1 跳过横杆之前先后退

在现代快节奏的社会，人们似乎都在快马加鞭地赶速度，加班加点、夜以继日几乎成了一种工作常态。我们看到很多人都在挑灯夜战，甚至放弃休假。在他们看来，无论学习还是工作，都要努力再努力，拼命再拼命，力争用最短的时间完成一个长久的计划。如果不这样就是偷懒，就是不勤奋，就干不成大事。然而，这样过度关注于工作和学习，会产生好的效果吗？答案可能与我们的愿望正好相反，这样过度地关注，不仅不一定能达到预想的结果，甚至还可能产生负面作用。更有甚者，在过度的劳作中，生命被透支，英年早逝的现象时有发生。这为很多人敲响了警钟。

我们知道凡事都有度，物极必反。就像船有载重量，超过了，船就会倾覆；汽车有最高时速，超过了，就会发生险情。我们做任何事情，都要把握好度。做学生，要从小学开始，逐步过渡到中学、大学；工作也要从实习生开始，一步一步地锻炼和晋升，最后成为自己工作领域的佼佼者。一切都是循序渐进的，都是从低级到高级，从简单到复杂。所有事情都要踏实地完成，不能盲目求快。你十分羡慕大力士的巨大身材，但是如果想一顿饭就吃成那样强壮，就只能撑坏自己的胃。

循序渐进应该成为我们做事的一个原则，这还需要认真引导。有的人急躁冒进，做什么事情都急于求成，其心情可以理解，但急躁，过度地关注，过度地投入，反倒会给自己增加无形的压力，实际上不仅于事无补，还会起反作用。聪明的人会合理地安排自己的时间和精力，就像饮食的合理搭配。

遇到困境是常有的事，遭遇困境，人们的表现各有不同，有的人处变不惊，静下心来，仔细分析，找出疏漏。这样的工作是有条不紊的，是循序渐进的，因而是卓有成效的，可以事半功倍。也有人遭遇困境就开始焦虑和烦躁，而不会静下心来找疏漏，找方法，找答案，总是一味地做无用功，结果精力没少付出，却看不到任何希望，以致形成恶性循环。

我们说做事要循序渐进，并不是让你不努力、不勤奋。谁都清楚，不付出努力就没有收获，不勤奋就没有好成绩。但循序渐进、反对冒进和勤奋、努力并不矛盾。就像前面讲过的船有载重量，超过了就要倾覆；车辆有最高时速，超过了就有险情。多拉快跑貌似很勤奋，其实是不科学的，要承受很大的风险。而严格遵守规则，尊重科学，目的就是能更好地完成工作。比如车辆按照荷载装卸货物，不超载，不超速，这样就保持了良好的车况，延长了车辆使用寿命，更保证了人的生命安全。有的人求多求快，一旦发生事故就会酿成惨剧，生命也难以保证。

还有一种现象应该引起我们的关注，就是很多人以勤奋的名义过度开采资源。产量不断增长，销售不断攀登新高，随之就是浪费不断增加，能源危机已经成为全球的大问题。人们呼吁，要保护地球，保护我们赖以生存的能源，不要过度开采，因为过度开采造成了能源的短缺，无法实现可持续发展。

以勤奋的名义透支个人的精力和生命，透支能源，透支我们周围赖以生存的一切，这样做的危害非常大，首先就影响到我们的家庭生活。一个人如果只知道全身心地投入到工作中，对家庭、子女不闻不问，甚至冷漠，或者把工作中的不良情绪向家人发泄，就会造成家庭关系的冷漠，甚至出现家庭危机。

以勤奋的名义还会让自己找不到存在感，每天的努力、勤奋成了一种程序，成了一种自我强迫，长此以往，就会让自己的情绪低落，失去存在感。

由于大量透支体力和精力，造成免疫力低下，这样的例子很多，很多人经常熬夜工作，放弃休假，放弃休息，长期下去，积劳成疾，有的甚至年纪轻轻就在工作岗位上猝死。这是非常令人惋惜的，如果他们以科学的态度从事工作，劳逸结合，循序渐进，细水长流，表面看是节奏慢点，但从长远看却是有益的，不仅有益于个人，也有益于工作。

以勤奋的名义努力忘我地工作，没有休息，没有休整，甚至生病也不去看医生。这样的工作狂已经成为一台机器，他只会被动地工作，被工作催促着，他不会停下来，更不会做一点反思。头脑变得僵化，思维变得单一，没有幸福感，没有生活气息，工作效率随之降低，这样一来，又要陷入纠结中，对自己充满了责备，充满了内疚。为了纠正自己，便以更大的精力投入到工作中，以更拼命的姿态去工作。不用说，接下来是更严重的后果，是恶性循环。当一个人陷入这样的怪圈，他就会迷失自我，把自己视为机器，失去了思想，失去了理性，他沉迷在旧有的思维状态中，不能出新，不能创新，他的头脑逐渐僵化，对新事物失去兴趣。

以勤奋的名义去开发资源，到处都是机器的轰鸣声，矿山、石油、森林和草原，一切资源都在遭到洗劫般的开发，结果造成了过度开采，以致出现了全球的能源危机和生态危机，这成了我们时代的一个污点。好在我们认识到了这个污点，正在努力加以纠正和弥补。比如，许多地方开展了“地球一小时”活动，在那一小时里，城市多彩的霓虹灯熄灭了，高楼大厦的景观灯熄灭了。这虽然只是一种象征性的举动，但意在警示人们要珍惜地球的能源，不能再无节制地开采，我们要为子孙后代着想，要为人类的未来着想。

基于以上的认识，人们发现慢不是懒惰，不是懈怠，慢是科学，是理性，慢是一种进步。慢表现出了一种持久的耐力，它能使我们的工作事业持久发展下去。让生活的节奏慢下来，你才能品味生活，品味文化，品味人生。工作中，也不妨让节奏慢下来，这样，你就能保持旺盛的体力和精力，保持清醒的头脑，保持工作的热情。这时，你不禁想起了跳高运动，你看运动员面对横杆升起，他没有立刻跳跃，因为那样他是无论如何也跳不过去的。为了跳过横杆，他会向后退去，退到一定距离才开始做起跳的准备，助跑、起跳。我们发现，他能够跃过横杆，正是因为在后退中积聚了弹跳的足够能量，所以，这样的后退是值得的，是必要的。再比如跳远、拳击、铅球等运动，运动员都有一个后退的动作：跳远运动员后退、助跑、起跳；拳击手在出拳时也是先收拳；铅球运动员在抛出铅球时，先要后退一步，将球压得尽量低，然后再高高地抛出。我们在工作中，在思考问题时，也要做后退的举动，后退是为了前进，后退有助于前进。

我们不否定勤奋，以勤奋的名义去工作和思考本身没有错，关键要把握好度，就像我们开始提到的车辆和船只的使用限制。勤奋也应在科学理性下施展，这样才能事半功倍。

2 想要奏响音乐先学会静默

丹麦科学家玻尔是量子力学大师，一次他去向英国近代物理学之父卢瑟福请教。在卢瑟福那里，他发现卢瑟福的助理查德威克不仅沉默寡言，而且行为有些古怪。他感到很奇怪，就问卢瑟福为什么选择这么一个人做自己的助理。卢瑟福没有直接回答，而是讲了一个故事：有个人到宠物店，想要买一只鸟。一只漂亮的鹦鹉吸引了他，于是他向老板打听这只鹦鹉的售价。老板回答只要一千英镑。顾客没带这么多钱，就选了一只长相有点丑的鹦鹉，但老板说那只要两千五百英镑。顾客奇怪了：长相丑的反而价钱贵，这是为什么？老板说这种鹦鹉会讲五种语言。顾客发现另一只长相更丑的鹦鹉，觉得它能讲更多的语言，但老板连连否定，说它既不会唱歌，也不会讲任何语言，但它的售价却高达五千英镑。顾客更奇怪了，连忙打听缘由，老板说这只鹦鹉会思考。

查德威克沉默寡言，行为古怪，就像那只既不漂亮也不会唱歌说话却善于思考的鹦鹉。他在1930年进行了铍辐射的研究，用α粒子轰击铍，证实了中子的存在。他因为发现中子获得了1935年的诺贝尔物理学奖，1945年被封为英国皇家爵士。卢瑟福讲的故事在查德威克身上得到了验证，说明思考比漂亮和能说会唱更有价值。只有会思考，并且做出正确的分析判断，才能得出正确的结论，从而指导实际工作。人们常说某人做事不用心，这样的人就会经常把事情办糟。

有的人性情急躁，凡事都要自己满意，听不得别人的意见。比如在讨论某个项目的问题时，别人正在有条不紊地发言，他突然插进去提出反对意见，让会议的气氛骤然紧张。关于这个问题，首先从修养上来说，我们要懂得礼貌，要让人家把话说完，然后你再去阐述自己的道理。有不同意见是正常的，许多问题就是在讨论和争论中发现合理的解决方案的，所以，我们不仅要能够包容与自己不同的意见，还要让其他人畅所欲言，鼓励大家提出不同的看法。从另一个角度来看，在发言结束之前，还有些话没有说完，要等他人把自己的观点发表完毕。要完整地听完人家的表述，听完了再做回应，这时你或许会发现人家和你的意见是一致的。所以，一定要让自己头脑冷静，多听，多思考，然后再下结论。要抱着这样的心态去参与讨论：我不是来证明什么的，而是来学习的，这样才能让自己静下心来，这样才能听得进别人的意见，这样才不会造成误解。

这不仅是个人修养问题，也体现了一个人的智慧——思考的智慧、解决问题的智慧。对别人的意见，是不假思索地做出反应，对问题不做透彻的了解和分析就匆忙地下结论，还是认真听取别人的意见，对问题做积极的探索，多问几个为什么？前者说明你已经认为自己什么都明白了，而积极地探索，多问几个为什么，则说明你想了解更多的情况。后者可以让你成为一个明白人，虽然放慢了节奏，放低了身段，但学到了很多东西，从别人那里吸取了营养，这样就能使自己更有智慧。所以，前面说的那只既不漂亮也不会唱歌说话，但是会思考的鹦鹉标价最高，这也从一个侧面说明了思考的重要性。开动脑筋，少说多做，少说话多思考，让我们都向那只鹦鹉学习。

学会思考很重要，但思考也要选择时机。有的人喜欢在行动前思考，有的人喜欢在行动后思考。在行动前思考，就是争取了主动，有备无患。一项产品的销售推广工作能否顺利完成，现场的工作很重要，但更重要的是事前的周密策划。事先研究周详，各种因素考虑周到，对可能出现的问题事先都做了预案，这样就成功了一半，也就奠定了取胜的基础。而事先不思考，事后再去回味，就会处处被动。我们都希望事前多思考，事后就能多总结成功的经验；而事前不动脑，事后再思考，总结的多是教训。相信谁也不愿做后者，所以，当你情绪冲动时，需要冷静下来，安静下来，好好调整一下自己的精神状态，让自己理智一些。这样才能避免失误。

多思考可以培养自己的智慧，让自己的思想更有深度。那些喜欢夸夸其谈的人，实际上往往思想浅薄，他们看见什么都不假思索地评说一番，或自矜自夸，或咄咄逼人，令人“敬”而远之。这样的人自我感觉很好，遗憾的是很难进步，很难做出成绩，表面上看起来很强势，其实内里空虚得很。喜欢多思考的人，虽然沉默少言，但积极开动脑筋，事事都做有心人，有心人才能做出让人放心的事，才能出成就。

说到放慢节奏，善于思考，首先就是管住嘴，把注意力集中到动脑上来。如果情况特殊，需要尽快做出决定，也要积极思考，在短时间内构想一个大致的思路和框架，接着再继续思考细节。可能的话可以借助案例说明问题，事实是最有发言权的。要做到这些，紧急情况下当机立断，就要有平时的积累。平时积累多了，积累了丰富的经验，遇到同样的问题就能迎刃而解，即使问题复杂，也不致慌了手脚、不知所措。一旦情况允许，就要做深入细致的研究，因为在短时间内做出的思考毕竟是匆忙的，甚至是粗放的，没有经过细致的评估，难免出现疏漏。一旦发现匆忙做出的决定有失当的地方，要及时加以纠正，不足之处，要立即加以弥补。

善于思考还可以培养一颗包容心，就像前面我们谈到的在关于项目的讨论会上，多听听别人的意见，多做一些思考，也许就对别人多了几分理解和包容，多了几分欣赏甚至钦佩。包容和谦逊更有利于大家的沟通。有了一颗包容心，就能从别人那里学到很多东西。我们个人的能力毕竟是有限的，多吸取他人的经验，就是对自己最好的充实。在这一点上，我们还可以换位思考，别人对我们宽容谦逊，我们会感到身心愉悦，这样，大家研究问题心情舒畅，思维敏捷，合作自然愉快。

多思考，勤用脑，不仅对工作学习是件大好事，对我们的机体也是大有益处的。如今健康问题被人们广泛关注，特别是老年痴呆症，令人闻之色变。该怎样应对这种可怕的疾病呢？积极治疗当然是重要的，但更重要的是预防，而预防的一个好办法就是勤动脑。过去很多老年人退休后无所事事，不用工作，甚至也无须动脑，这样一来，大脑功能就会逐渐衰退，乃至发展到痴呆的程度。当人们意识到这种危害后，就会做出改变。如今，很多退休的老人也开始了新的学习和生活，他们培养自己的兴趣爱好，积极开动脑筋，让大脑这台机器活动起来。头脑变得更加灵活，身体也更加健康，生活质量就随之提高了。

3 利用表现达到反转效果

我们在日常生活中看待外界的事物时，能够直观地看到的，都是事物外在的表象。而通过思考来理解的，则是事物独有的一些属性，这就是事物的本质。所有的事情都同时具有表象和本质，二者存在明显的差异。表象能够被人感知，表现为色彩、声音、形状、材质和温度等自然性质，还会在很多时候表现出社会属性。与之相对的，事物的本质是看不见、摸不着的，是事物具有的独特性质。与表象不同，本质不能被直接感知，而是要通过分析和思考才能了解。

我们从事物的表象和本质分别具有的性质可以知道，它们既统一于同一个事物，又存在着显著的区别，是相互对立的。同一种事物因为所处环境的不同，产生的表象可能也不相同，是事物的一种局部的表现。而只要同属一种事物，无论它们的表象有多么强烈的反差和区别，内在的性质都是一样的。因此，本质是事物的共同点，能够从整体上对事物做出描述。表象更加灵活多变，而本质则非常单一和纯粹。看似不同的现象之间，可能共享同一个本质，但是同样的本质却能够做出无比丰富的表达。生命的本质都是核糖核酸组成的遗传物质和蛋白质组成的躯体共同构成的组合体，但是生命的表现形式是如此复杂和多种多样。无论雨雪还是冰雹、雾气，本质都是水，只是以不同的形态出现在世界上。世间万物都有表象和本质，二者必须互相依存，无法脱离对方而单独存在。

当我们通过感官来感知这个世界时，会被各种事物的表象吸引。但是这些表象总是会起到迷惑我们的作用，让人无法感受到表象之后的本质。因为表象是如此之多，因此很多人在思考问题时，会以表象为依据。我们经常会遇到这种情况，两个人在进行交流的时候，A说的是事物的本质，B却错误地理解成了事物的表象。这样一来，两个人不管说上多久都无法达成共识，这是因为他们所描述的对象根本就属于两个问题。

为什么我们通过表象往往无法直接看到事物的本质呢？因为表象通常来说不是本质的直接表达，而是局部的和片面的，甚至有可能是扭曲的。如果你只看到了表象，就可能会完全误解本质的模样。这样带来的认知偏差非常普遍，我们每个人几乎都遇到过这样的情况。

我们该做出怎样的努力来改变这种认知偏差呢？我们要做的第一件事，就是让表象和本质之间的距离足够短。著名战地记者罗伯特·卡帕先生曾经有一句名言：“如果你拍得不够好，那是因为你离得不够近。”拉近表象和本质之间的距离，才更有可能发现本质的秘密。假如一个消息经过几个人才到达你这里，你一定不能轻易相信，而是要进行仔细的分析和判断，因为在传播过程中，信息也可能偏离了原来的样子。

接下来，你要学会通过表象来辨别事物的本质。把各种复杂的表象加以整理和归纳，就能得到相对简单和通用的规律，这种规律就十分接近事物的本质了。通过这个过程，世界在我们眼里也将不再复杂，更容易理解。许多人以为，能够透过表象看到本质了，就是对这个世界的原理充分理解了。其实，不但从表象到达本质十分困难，反之也是同样不易的。从本质反推事物的表象，也不是每个人都能做到。因此，我们只有具备了从表象到本质，再回归表象的能力，才能说对世界有了一定的了解。

那么，你该如何透过表象看到本质呢？首先你应该具备抽象思维的能力。抽象思维，指的是我们对事物的表象进行总结和归纳之后，从中提炼出事物的本质的思维方式。通过这种思维，人们不但能感知到眼前所见的各种声音和颜色等表象，还能进一步明白它们是如何产生的。比如你来到森林里，看到的是绿色，听到的是森林中传来的鸟鸣声和野兽的叫声。绿色是各种树木的表象，而鸟鸣声是鸟类的表象。你从这些表象中能够认识到生命的本质。

我们还应该认识到，事物的本质即便是一样的，表现出的状态和形象也会有所不同；而通过不同表现形式的表象，也能够归纳出同一个本质。在日常的思考中，我们经常会发现，如果只有一件事物，那么就很难看穿它的本质，但是如果同时存在几个其他的事物，那么即便它们看起来是完全不同的，甚至表现出相反的性质，也能让人对它的本质做出更深的理解。因此表象是如此复杂，而本质则是固定不变的。

当我们看到一种现象时，就可以在记忆中搜寻与它有关的现象，这些现象可能共同构成某种事物的表象。再由这些表象总结出它们具有的规律，进而找到背后蕴藏的本质。在看待一个问题的时候，如果只留意到表面现象，做出的判断往往十分肤浅；如果能够从本质的深度来看问题，就能有更多收获。

我们还要避免被事物的表象迷惑，进而对本质产生误解。在自然界中，有很多动物在遇到危险的时候会用假死的方式迷惑捕猎者，等到对方放松警惕时，再伺机逃走。鉴于此，我们也应该擦亮眼睛，学会鉴别事物的“假象”。关于假象，最典型的例子就是海市蜃楼。当你行走在炎热的沙漠中，经常会在天际线上看到模糊的城市或者绿洲的形象，但是当你朝那里奔去，却发现空无一物。原来，这是沙漠上热空气使光线发生折射造成的独特光学现象。很多在沙漠中行走的旅人受到这种假象的迷惑，在缺乏饮用水的情况下向虚幻的景象狂奔，最后既没有找到水源，还会让自己更加疲劳和干渴。因此，我们要警惕这种假象，要能够区分表象和假象的区别。

最后，要学会从表象一步步接近本质，即便遇到了困难和阻碍，也不能停下探索的脚步。事物的发展都要遵循一定的规律，从表象到本质也会经历一个复杂的过程。对于事物表现出来的各种形式的本质，要层层深入地加以分析，好像攀登高山一样，每到达一个新的高度，就会看到不一样的风景。而当最后你来到山峰之巅，看到的景色又完全不同于登山过程中所看到的了。很多时候，我们对于事物本质的探索，就是对人类自身的探索。所有事物的本质都存在一定的共性，掌握了这些共性，对于反哺人类也能起到积极的促进作用。例如很多大型的工程机械，都应用了仿生学的原理，把动物的特性加以借鉴和改造，为人类的进步服务。

透过现象看到本质的方式不止我们所说的这几种，甚至可以这样说，抵达本质的方式是无穷无尽的，就好像事物的表象也是无穷无尽的一样。我们要利用所有能够利用的工具，穷尽思考和想象，努力发掘事物的本质，才能对这个美丽的世界有一个更加深入的了解。

4　问题的不同侧面

当你试图了解一个事物究竟由几个侧面组成时，你可能会得到很多答案。有人按照“事物都有两面性”的理论给出有两个侧面的答案。还有的人会说事物有很多面，最后我们得到的答案会趋近于事物具有无数个面。这是说得通的，就好像一千个人眼中有一千个哈姆雷特，每个人看问题的角度都是不同的，如果有足够多的人看待同一个事物，那么事物也就具有足够多的面。

从一件小小的事物，扩大至整个世界，我们都无法窥见它的全貌。我们眼前所见的只是世界中很小的一部分。世间万物投射到我们的脑海中，我们通过思考得出关于世界的认知。因此，我们看待世界的角度，以及思考的维度，就决定了我们的眼光和视野。但是在生活中我们却经常犯下以偏概全的错误，把个人的理解当作世界中的常识。

我们每天都要解决很多问题，其中只有很少的一部分能够简单地回答“是”或“不是”。如果我们在看问题时只考虑黑白或者对错，这种二元的思维方式就是落后的，是不足取的。每个问题都有很多可能的答案，但是在二元思维里只有两种答案。如果任由自己用这样的方式来思考，就会陷入思维定式，错过更多富有想象力的答案。

曾经有一位心理学家进行过这样一个心理实验。他把自己的学生召集到面前，向他们提出了一个假设性的问题："有多少人认为，整个国家的监狱都会在三十年之内被撤销？"学生们的第一反应是这绝不可能，因此都没有作答。经过一段时间的沉默，这位心理学家提高了声音，再次问道："有多少人认为，整个国家的监狱都会在三十年之内被撤销？"这一次，学生们终于意识到，老师并不是在开玩笑，于是他们纷纷表达自己的意见，那就是监狱绝不能被撤销。他们的理由各有不同，有人说，那些重刑犯如果被释放，会对社会安全造成严重的危害。想想看，你家附近每天都有一个一级谋杀犯在街边游荡，你的生活将陷入巨大的恐惧中。有人说，这些人必须在监狱里接受惩罚，他们在社会上不会改正自己的问题，而是会继续犯罪。还有人说，监狱的数量不但不能减少，而且需要增加，因为还有很多人逍遥法外。一些人站在狱警的角度表示忧虑，如果没有了监狱，这些狱警就都失业了。

等到学生们七嘴八舌地发表完了意见，心理学家又提出了新的问题。他说，大家所说的都是不能撤销监狱的理由，但是假设这件事是可以办到的，又该做些什么来帮助社会吸纳这些囚犯呢？这时大家才让自己冷静下来，把它当作一个真正的问题来思考。慢慢地，有人举起了手，回答说，可以建立互助中心，帮助青少年罪犯回归社会，重新融入新的生活。还有人表示，贫穷才是犯罪的沃土，如果想要降低犯罪率，首先应当改善人们的生活环境，这样一来，所谓的"邪恶的贫民区"将不复存在，犯罪率也会大大降低。对于实施过性犯罪的人，可以通过生理或者心理治疗，让他们不再具有实施犯罪的条件，等等。当讨论结束的时候，所有参与者都感到十分吃惊，因为他们提出的建设性意见加起来足有80条之多。

通过这个心理实验我们能够知道，很多你认为不可能的事情，实际上都有很多可能。你之所以会认为它没有答案，是因为总是有人告诉你——这个人可能就是你自己——这是不可能的。你非但没有去验证，反而不假思索地接受了这个结论，这就会让自己陷入局限中。我们的思维里有很多惯性的陷阱，需要通过积极的思考来加以改变。这个世界充满了无数的可能性，我们只有伸出双臂拥抱世界，才能找到更多通往成功的道路。你的思考也会因为多元化而变得更加灵活，更加轻松。

5 一笔回报丰厚的投资

我们前面讲过很多投资方面的技巧，不但有金融方面的投资，还有其他各种形式的投资。这些投资都是有风险的，并不一定能带来回报。但是有一种投资，不但一定有回报，而且回报通常还十分丰厚，这种投资就是学习。有人说，学习是最好的投资。一个人要取得成功，固然要靠很多因素共同起作用，但是最离不开的就是本身具有的知识。那些比你优秀的人，和你的起点往往是相似的，但是区别在于他们一直在坚持学习。当你认识到了学习的重要性，那么就可以在任何时候开始。只要你能够开始学习，就不算晚。

对贵金属或者有价证券的投资，可能会让你从中受益，也可能因为市场的波动让你赔得血本无归。但是如果你把这些宝贵的时间和精力投资到学习中去，投资到实现你的梦想中去，这个投资带来的一定是积极的反馈和回报。比如说，你可能从小就热爱甜点，立志成为一名优秀的甜品师。当你有一天为了这个理想而努力时，就会离自己的梦想更近一步。如果有人选择和你做了一样的事，那么这个世界上就将到处充满着梦想和希望的味道。所有人的梦想加在一起，会让很多事情发生改变。

比如，当你想要学习甜点制作技术，就会参加相应的培训班。有其他梦想并渴望学习的人也会报名参加相应的培训班。这些培训机构也是带动经济发展的重要力量。你学到了知识之后会用它来创造价值，你的经历也会激励更多的人。因此这种追求梦想的学习过程将会像滚雪球一样越滚越大，而那些更像是投机行为的投资则会减少一些。

其实我们都应该进行这样的投资，比起其他投资，它显得更加聪明和理性。它带来的也不是对物质的狂热崇拜，而是追求一种精神上的愉悦。你将作为人类中的一员去发明和创造，而不是制造一些注定会成为垃圾的东西。当然这里所说的事情并不是让你为了学习和追求梦想而放弃物质生活，让自己变成苦行僧式的人物。但是和眼前所见的这些繁华景象相比，或许需要另一种精神的富足才能实现与它的平衡。人类社会的发展并不是为了让我们疯狂地购物，或者躺在巨大的沙发上看选美比赛，过着奢侈的生活。

一笔经济上的投资可能的确会让你变得更加富有，让你过上能够想象到的任何生活。在如今的技术条件下，你想去火星上安享余生也是有可能的——事实上已经有人开始着手这样做了。但是这种生活除了让你沉迷于享乐之外，不会给人类带来任何改变。你可以在一个安静的夜晚回想一下，你有没有想要实现的梦想，或想要成为哪种人。你可以运用你手中的资源和条件去学习、去实现，这远比把各种毛皮堆满很多间屋子要好得多。

说完了投资，我们再来看看学习的必要性。不可否认的是，很多年轻人对学习越来越不感兴趣。他们认为自己每天都要面对工作和生活的压力，没有多余的精力去学习“多余”的东西了。但是你要知道，所有人的年轻时代都是用来拼搏和奋斗的，都是如此辛苦。你要始终坚信你具备的潜力要远远超过当下表现出来的能力。因此，如果你把更多的精力投入到学习中去，就会让自己的潜能有机会发挥出来。

有些人之所以拒绝学习，是因为对自己的能力不够自信，甚至还存在误解。有人认为，自己的表达能力不强，但是没有人天生就懂得怎样说话。我们或许听过这个励志故事，古希腊的德摩斯梯尼年轻时有口吃的隐疾，因此受到很多人的嘲笑。他为了锻炼自己的表达能力，每天口含石子演讲，最终成为古希腊最伟大的一位雄辩家。你所见过的所有口才好的演说家，背后都经历了你想象不到的刻苦学习。你可能每天在社交软件上和人争论，但是在需要表达的时候却说自己不行，这是非常不可取的。

有些人认为自己的经济能力有限，没有多余的资金投入到继续学习中去，这也是错误的。你并不是没有经济能力，而是进行了过度消费，在很多没有必要的地方把本来就不丰厚的薪水都预支出去。你没有进行理财和投资，而是单纯地消费，那么就会变得入不敷出，一点积蓄都没有。如果你能把这些花销积攒下来投资在学习上，不但会物有所值，还会为你的人生增值。

有人认为自己的能力不足，然后把它当作不努力的借口。这就实在没有道理了，因为既然你已经发现了能力有限，又为什么不想办法去提高呢？没有人在一开始就有很强的能力，都是通过学习和锻炼达到更高的高度。如果你刚开始工作，那么没有能力是非常正常的事情。你需要做的是不断学习，吸收有益的经验，规避有害的风险，让自己不断充实起来。如果既不肯努力，又抱怨能力不强，那就没有人能够帮你。只要你肯努力，所有天平都会向你倾斜。

有人说，他的时间有限，没有多余的时间用来学习。有这样想法的人，可以回顾一下每天浪费的时间有多少。当其他人在学习知识或者忙于解决问题的时候，你却无所事事，或者把时间用在其他事情上。你看到别人成功会心怀抱怨，殊不知他人正是把你浪费的时间都用在了提高自己上，才能取得那样的成就。

还有人说，他的情绪十分低落，做什么都没有心情。如此说来，除了娱乐和游玩，你在其余时间情绪都很低落。你把情感都花在让人沉迷的地方，在欢愉结束之后自然会感觉空虚。如果你把精力用在思考上，会因为解决一个问题而变得十分有成就感。

有人说，他的兴趣不在于学习，而是在其他方面。这种说法也是十分不负责任的。兴趣是需要培养的，如果你平时培养的都是关于玩乐的兴趣，那么在面对相对枯燥的学习时，自然会提不起精神。

还有人说，要权衡一下再决定是否去继续学习。这样的想法也是错误的，因为对你来说，所谓的权衡和思考，只是拖延时间的理由。你不但不会认真考虑，而且会回避考虑这些问题。你做了很多无谓的思考，一边不满于生活的现状，一边又不愿意加强自己的能力。这样时间长了，就会变得一事无成。

综合以上这些情形你会发现，很多时候都是自己给自己找了很多逃避的理由。你不应该把时间和精力浪费在这些无用的思考之上，而是要做出让自己增值的投资，那就是学习。学习会让你变成一个更好的人，等到那时你再回头看，一定会感谢自己做出的决定。这种继续学习不必限定在某一个领域中，也无须和你的工作完全相关。通过学习，你可以接触到更多知识，这些知识给你带来的不仅是学识的增长，还有视野的扩大和境界的提高。只有不断地学习，才能够让自己的价值得到更大的发挥。而对于学习的投入，将是你人生中回报最丰厚的一笔投资。

6 让你的思维得到统一

当下是个信息大爆炸的时代，来自各方面的信息呈现出碎片化的特点，它们缺少逻辑的联系，缺少类型的划分，因此在作用于我们的大脑时，也自然是混乱无序的。我们要在工作和生活中做出正确的判断，就要对这些碎片化的信息做出整合，对我们的思路做出整合，这就要纵观全局，将那些看似无关的事物联系起来，做出新的判断。对于职场上的工作者来说，追求片面的知识已经落伍，新的趋势是找出全面解决问题的方略。

现代的市场竞争中涌现出了很多成功人士，他们的成功经验大体是一样的，而那些在竞争中失败的人，情况却各不相同。失败的人有的败在资金短缺，有的败在缺乏创新，有的败在人才外流，原因不尽相同。成功者也曾有过不同的经历，但他们有个共同的思维方式，就是对于两种或两种以上的不同观点，他们都乐于接纳。每当遇到观点冲突，他们不是简单地做单纯的选择，而是从两种不同的观点中吸纳合理的成分，在此基础上提出新的观点，这个观点更完善、更充分。这就是整合的道理，这就是整合的效果。

整合既然能带来成功的机遇，我们就来看看它的奥妙之处。

第一，整合要对各种因素加以考虑。我们在做任何工作时，都会发现影响工作进程的因素有很多，比如技术、人员素质以及资金配置等。要想让工作顺利有效地开展，就要对这些因素做出整合，也就是合理地做出配置，考虑到不同因素对工作所产生的不同影响，从而做出统筹安排。

影响思维和工作的因素很多，而且互相制约甚至对立，这就要求我们认真分析，做出合理的整合。既避免对立，又形成合力；既关注主导的因素，又不忽略其他因素。而传统的思维方式往往将复杂的因素简单化处理，也就是将一些因素排除在外，甚至有可能将一些重要因素忽略掉。一般来说，重要的环节我们都会注意到，但那些次要的和细微之处则很容易被忽略，而问题往往就出在这里，有些细节如果不重视，就会成为隐患，小的细节如果被忽视，就会造成大危害，甚至是致命的危害。有很多这样的事例，都在警示我们对工作、对问题做全面考虑，千万不可忽略了细节。

第二，对因果关系进行分析。所有的因素都不是孤立存在的，它们之间必然发生联系，而且各种关系表现得还很复杂，需要我们做细致入微的分析。习惯于传统思维方式的人，思考的东西通常比较简单，只会找出事物间直线性的因果关系。其实，即便是非常显著的彼此独立的事物，也会存在不明显的隐性关系。所以，对任何关系都要从多角度出发，进行多侧面和全方位的观察，以便做出合理的判断。

第三，对各种因素做出排序。在明确了事物的各个环节之间的因果关系后，就要根据重要程度做出一定的排序，决定先做什么，后做什么，重点做什么，与问题无关的因素应该排除在外。比如当你开始一个项目时，要制订几种方案，哪些应该给予考虑，哪些应该否定，哪些应该充实，所有这些都要考虑周到。

按照传统的思维方式，处理问题时需要进行拆分，也就是化整为零，把所有的环节分成若干部分，然后对每一部分做细致的分析。这样做本身无可厚非，但或许不是最理想的方法。理想的方法是从整体出发，做把握全局的思维，从总体架构上去分析，不仅不要将问题拆分，还要将分散的部分整合在一起，这样就能发现各环节之间的联系，发现它们之间相互产生的影响。如果分散处理，就有可能忽略各部分之间的关系，虽然对于个别环节的处理或许是合理的，但从整体上看是失当的。我们看问题要善于把握整体，不要用分散和孤立的眼光。

第四，制订解决方案。对于问题的分析和解决，我们往往习惯于一个标准答案，也就是非此即彼。这样做的出发点固然是好的，但它的不足之处就是缺乏包容性，容易导致失去创新的机遇。所以，为了使问题得到彻底的解决，找出一个满意的方案，我们还是要用包容的姿态来面对。即便有一些含糊不清和带有不确定性的东西，也不能轻易丢弃。

当对一个问题发生争议时，人们习惯去找折中的方案。这样做的目的是减少争议，让双方或多方都能接受。这样做的初衷虽然是好的，让反对的声音变小了，但解决问题不能只凭好心。虽然在这种方案下大家都没有什么意见，但也往往缺少了创新。就像两个人吵架，有人为了不得罪双方，还想进行劝解，就双方各打五十大板，结果还是没有找到原因、分清对错。用这种方法制订解决问题的方案，虽然为各方所接受，但也是不明确的。折中方案或许简单易行，阻力小，质疑少，但同时缺乏新意，缺乏责任心。按照这样的方案去工作，成果自然也是少的。

我们要做的是吸纳多种方案，但是要明确它们之间的异同，找出各自合理的地方。如果方案并不理想，我们可以暂时放下，让大家再去认真考虑，再做深入的研究，力争制订出一个富有创意的方案。如果新的方案制订后，仍然发现有不足之处，我们还可以重新构想。

有人说，这样的反复琢磨是不是有些犹豫不决？事实证明，要想制订出一个切实有效的方案，就一定要反复论证，不能怕推倒重来。这样的付出是值得的，也是行之有效的。多做前期的准备工作，后续工作就能更加轻松。而匆忙制订的方案，实施起来一旦出现疏漏，就会让人后悔莫及。

整合性思维在方案的制订过程中可以大幅度提高成功的概率，在处理各类问题时都是有益的。整合性思维可以从不同的角度进行观察，进行多方的验证。一个企业的管理者如何处理企业的发展问题，领导艺术是否高明，就看他能否站在战略的高度看问题。战略的高度就是全局的高度。一个企业管理者如果仅仅盯着眼前的利益，不把眼光放得更长远，这样的企业就不会有大的发展，甚至在机遇面前也会错失良机。

综上所述，我们可以知道，在思考问题时，把握全局具有重要的意义。把握了全局，就相当于把握了思考和工作的主动权。有些人之所以工作失利，就在于目光短浅。整合性思维是一种好的思考方式，我们都需要学习并掌握它。首先我们要对整合性思维有总体的了解，在后续的思考和工作中，也要培养和建立从全局出发的意识，按照这种思维方式的要求对照检查每个环节的工作，并综合考虑各环节的关系。当最终做出决策后，再回头和传统的方式加以对比，你就会发现其中的差别。决策一旦付诸实施，整合性思维所带来的成果就会非常突出地显现出来。你将不断增强全局意识、大局意识，在工作中不断取得新的突出业绩。

7　会读书，读懂书

人们都明白一个道理，那就是：书籍是人类进步的阶梯。书籍是生产和生活经验的总结，是文明的载体，借助书籍，我们可以学到很多知识，政治的、文化的、情感的、法律的、经济的，等等。我们从很小的时候就开始读书，由浅入深，由易到难，从小学到大学，都离不开书本。走上社会，参加工作后，书本依然伴随着我们，可以说书籍会伴随我们终生。

书籍对我们来说是重要的，它能教给我们很多，但仅有书本还是不够的。读书是个吸收的过程，就像吃饭，要很好地消化，食物才能给我们以营养，给我们以生命的能量。而读书要经过头脑，经过我们的思考，才能为我所用，不然的话，就是死读书、读死书，这样学到的东西就是僵化的。有些人虽然也读了很多书，看上去掌握了不少知识，但在实际生活中却不会运用，或只会机械地把书本上的东西在现实生活中生搬硬套。历史上就有一些这样死读书的案例，只会熟读书上的理论，在实际操作中却无法灵活运用，最后只能导致失败。这就是囿于书本带来的坏处。书本知识固然重要，但和现实还是有一段距离的。如此呆板地读书，让实际与书本相脱节，不但无益于人生，甚至是有害于人生的。

互联网时代，信息传播的速度更快捷，也更丰富多彩，人们每天穷于应付各种信息的狂轰滥炸。按理说，信息越来越多，带给我们的知识也会越来越多，我们的精神财富将更加丰富。但遗憾的是，面对大量的信息来袭，我们似乎有些手足无措，进食很多，却得不到很好的消化和吸收。接收了很多信息，不仅没有让自己的思想有所提升，没有让精神生活更充实，反倒觉得内心一片茫然和空虚。这主要是因为我们很多人只是被动地接收信息，没有时间让这些信息经过大脑的加工，就像人的肠胃功能失调，使得食物不能很好地消化。

读书是一种学习，但这不是读书的本来目的。读书还有另一个功能，是指导人生，所以要与实际紧密结合在一起。读书是学习，使用也是学习，而且是更重要的学习。如何使用？如何指导？这就需要我们把书本知识运用到现实中来，充分发挥那些有益知识的作用，而无益的则要毫不留情地舍弃。读书最忌讳的就是从书本到书本，与实际完全脱节。用这样的理念去读书，就会使读书的过程僵化；用这样的理念指导实际，就会产生误导。为什么有的人越读书，思想越僵化？其实，书本本身没有错，只是读书人头脑僵化，囿于书本。

读书是个思考的过程，在吸收知识的过程中，要对知识进行分类整合，让知识成为一个体系，而不是零散的东西。系统化的知识是科学，零散的知识是杂货。杂货当然也有用，但因为摆放零乱，没有经过分类，需要时不知向哪里索取。系统化的知识有益于思维的运行，有益于发现各方内在的联系。要将书本知识进行归纳整理，就要开动脑筋，在各种知识中找寻相互联系的纽带。

能识字的人都有能力读书，但读书也有个层次问题。有的人是为读书而读书，读了一本就扔在一边，很快就忘记了。这样虽然阅读量很大，但没有发现这些书之间的联系，这样读书收获是不大的，而经过思考，经过分析，从书中吸取营养，读书的收获就会大大提高。我们提倡写读书笔记，就是为了读书有所受益。写读书笔记的过程就是一个回味和提炼整合的过程，重温书中的精华，思考自己的感受，这是一个用脑的过程，也是让读书升华的过程。

找到知识内部的联系后，还要将它们融会贯通，达到全面透彻的理解，也就是上升到理性的高度，成为自己的东西，构建自己的思维方式，这样的读书才能达到较高的层次，也才能形成独特的观察和认识世界的视角。有的人虽然也读了很多书，但使用起来只会孤立地联系对照，不能举一反三，不能在工作和生活中游刃有余地加以应用。这样的读书人很多，他们将书本知识倒背如流。不能说这样的读书人没有收获，但如果能将知识学活学透，变成自己的一种能力，才是事半功倍的好事。

读书要加以思考，注意鉴别。古往今来的书本知识浩如烟海，我们不可能全盘接收，要有所选择和扬弃。首先我们不能将书本教条化，当成条条框框，因为那样就会束缚我们的手脚，成为我们的精神负担，甚至妨碍我们的发展。还有就是要辨别书本所传播的思想，是宣扬进步，还是宣扬倒退；是宣传科学，还是宣传迷信；是宣传民主，还是宣传专制；等等。对错误的思想和理念要有识别和抵制的能力，不能被蛊惑，更不能成为错误思想的传播者。所以，读书是学习别人经验之谈的过程，也是一个批判的过程。对于别人的好经验，我们要好好地吸取；对于书中不合理的观点，要敢于批判。一些善于读书的人，他们会边读书，边在书上做批注，或赞赏，或质疑，或批驳，整个读书的过程贯穿着思考，充满了理性，而不是盲目地读。

我们发现很多人虽然都在读书，读的是同样的书，但收获相差很大，关键就在是否勤于思考。懒于思考的人，是被动地读书；勤于动脑的人，是主动读书。在这里要强调的是，我们尊重书本，但不做书本的奴隶，而要做书本的主人，书本要为我所用，要成为我手中的工具。书本知识一旦变成有效的工具，就能发挥巨大的作用，我们借助这些工具，能够改造自然、战胜自然，建设更好的人类社会。曾经有人做过这样的比喻，就是读书要把书读厚，又要把书读薄。所谓读厚，就是要精读，读出书中的精华，这样，即使是一本很薄的书，也能有大的受益；而读薄，就是对书本进行提炼、加工和整理，是一个浓缩的过程。

社会的进步是日新月异的，政治、经济、文化和科技都在突飞猛进地发展，而书本则是相对不变的，是固定的，我们尊重书本，尊重书本知识，但更要看到世间万物都是瞬息万变的，如果用书本固定的知识去解决实际存在的问题，就无法应对现实错综复杂的局面。所以，我们要改变思维定式，既尊重书本知识，更要从实际出发，从现实的角度观察和分析，特别是在当代快节奏的社会条件下，我们更要紧紧把握时代的脉搏。过去我们就讲读书要读活，要与社会实践相结合，现在，这个意义更大，这样，才能让书本中的知识在现实生活中活用，焕发出新的生命力。

当下，读书的方式日益增多，在互联网时代，书本得到了扩展，读